백두산 새 관찰기

박웅

백두산 새 관찰기

白頭山 _____

호사비오리의
고향을 찾아서

글항아리

백두산 아래 첫 동네인 이도백하의 송화강을 찾아간 지 벌써 6년째다. 오로지 백두산과 더불어 살아가는 새들을 관찰하고 그들이 번식하는 모습을 촬영하기 위해 그곳에 갔다. 그중에서도 겨울이면 우리나라를 찾아와 월동하고, 봄이면 백두산 자락에서 새끼를 키운다는 호사비오리(천연기념물 제448호, 멸종위기동물 2급)를 관찰하는 것이 가장 커다란 관심사였다.

북쪽에서 오를 때, 백두산과 가장 가까운 마을이 이도백하다. 22년 전 백두산 풍경을 찍으러 이곳에 왔을 땐 제일 높은 건물이 2층이었는데, 지금은 고층 빌딩이 즐비하고 화려한 호텔이 곳곳에 들어선 현대식 도시로 탈바꿈했다. 하지만 상가 처마 밑이나 출입구 간판 밑으로는 여전히 제비들이 둥지를 틀고 부지런히 드나든다. 도시민 누구도 새들의 거처를 훼손하지 않는 모습은 여느 도시와 자못 다른 풍경이다. 그래서 봄이 되면 이도백하가 더 그리워진다. 그곳에는 동생 같은 사준해(한족)가 살고 있기도 하다.

20여 년 전 알게 된 사준해는 백두산 관광객을 상대로 영업을 하는 사업가다. 이런 이유로 이도백하에 정착한 것도 있겠지만, 어쩌면 그는 이곳의 고향 같은 편안함에 뿌리를 내렸는지도 모르겠다. 왜 그렇게 짐작하느냐 하면, 그가 사비를 털어 이곳 자연보호에 앞장설 뿐 아니라 천연기념물 호사비오리를 보호하고 있기 때문이다. 그래서 자연 생태를 촬영하고 기록하는 나는 매년 이도백하를 찾아 그의 도움으로 백두산 새들을 관찰할 수 있었다. 특히 그는 내가 궁금해하던 호사비오리의 번식 과정을 추적해주었다. 또 지난해에는 호사비오리 새끼가 둥지에서 이소하는 장면을 볼 수 있도록 세심히 배려해주기도 했다. 그때 현장에서 호사비오리가 둥지를 틀 만한 수공이 점점 사라진다는 말을 듣고 인공 둥지를 설치해보라고 권했는데, 지금은 인공 둥지에 호사비오리가 찾아와 알을 낳고 부화해 새끼를 잘 데리고 나간다는 소식이 들려온다. 결국 이 책은 그의 도움이 없었다면 세상에 나올 수 없었을 것이다. 그 덕분에 백두산에서 번식하는 새들과 우리나라에서 번식하는 새들의 차이점을 비교하고, 그들의 둥지를 찾아 숲속을 헤매면서 새들과 교감하는 법을 배울 수 있었던 것이야말로 큰 행운이다.

책을 내면서 한 가지 덧붙이고 싶은 말이 있다. 백로 둥지 촬영을 시작으로 야생의 새 사진을 30년 넘게 찍어온 내겐 나름의 법칙이 있는데, 그것은 새들의 존엄을 지켜줘야 한다는 것이다. 특히 새끼를 키우는 새의 둥지를 촬영하며 현장에서 그들과 자연스레 교감을 형성하는 과정에서 가장 기본이 되는 덕목은 새의 행동을 이해하려는 것이라는 점을 터득했다.

그러려면 새가 사진가를 두려워해 도망가는 상황을 만들지 않는 게 최선이다. 행여라도 황급히 도망가는 상황을 야기했다면, 적어도 그 뒷모습은 촬영하지 않는 게 도리가 아닐까 싶다. 최근 일부 촬영가들이 작품을 남기려는 욕심 때문에 천연기념물인 나무를 잘라내기도 하고 희귀한 새 둥지를 잘라서 촬영하기 좋은 조건으로 만든다는 뉴스를 접하면서 같은 생태 사진가로서 부끄러움을 느끼지 않을 수 없었다. 그리하여 이 책은 야생의 새들을 어떻게 배려해야 하는지에 관한 나름의 방법과 요령을 담고 있기도 하다.

　백두산에 사는 새들이라고 존엄을 지킨다는 원칙을 깨지는 않았다. 번식하는 호사비오리의 자연스런 행동을 방해하지 않겠다는 생각이 아니었더라면 이 책이 나오기까지 6년이라는 긴 시간이 걸리지는 않았을 것이다. 그러나 그렇게 촬영하고 기록하는 것은 자연이 만든 기록이 아닌 인간이 조작한 기록일 뿐이라 여겼다.

　지금 마음속으로 바라는 바는 백두산 정상에서 번식하는 칼새와 바위종다리의 생태를 관찰하는 것이다. 북한과 중국의 국경에 자리한 백두산의 특수한 환경 때문에 자유로운 관찰이 어렵지만, 조급해하지 않고 긴 안목으로 기회를 잡을 생각이다.

　봄이 되면 새소리에 끌려 숲속을 헤매고 겨울이면 새들의 날갯짓 소리에 마음을 빼앗겼다. 언제나 자연 속에서 그들의 삶을 들여다보는 일만큼 행복한 순간은 없는 것 같다. 이 책에서 소개하는 호사비오리처럼 우리에게도 남북을 자유롭게 넘나드는 그날이 오리라는 소박한 희망을 전하는 계기가 되길 바란다.

2017년 9월 부렴마을에서

지산 박웅

중국 호사비오리의
생태에 관하여

박인주 둥베이 임업대학 야생동물대학 교수

호사비오리는 1864년 한 영국인이 중국에서 한 마리의 수컷 유
조를 발견한 표본으로 '중화 비오리中华秋沙鸭'라 명명한 새다. 또한
중국의 특유 종이라고도 일컬어졌다. 지금도 중국에서는 이 이름
을 그대로 쓰고 있는데, 옆구리에 비늘무늬가 있어 다른 비오리와
구별해 인협비오리鱗胁秋沙鸭라고도 부른다. 이 새의 라틴어 종명인
squamatus 역시 비늘이라는 뜻이다. 일본은 이 종을 1980년대까
지도 승인하지 않아 이전 시기 문헌에서는 호사비오리의 이름조차
찾아볼 수 없다. 일본에서는 '왜선지 고려비오리'라고 부르며, 혼슈
중부의 서쪽 지역에서 드문 겨울철새로 나타난다고 한다. 한국에서
는 호사비오리라고 일컫는데, 아마도 호화롭고 아름답다 하여 그리
붙인 듯하다. 서울, 철원, 임진강과 충남 대청호에 소수 개체가 겨울
새로 나타난다.

　이 종은 제3기 빙하 기후에서 요행히 살아남은 산화석종이라고
알려져 있다. 지금까지 지구상에서 1000만 년 이상을 살아온 셈이
다. 아울러 최근 중국의 고증에 따르면, 『시경詩經』 「국풍國風」 '주남周
南'의 첫 편인 관저關雎에서 제기된 저구雎鳩가 바로 호사비오리라고
한다. 이로써 볼 때 이 새는 19세기 과학적으로 명명되기 수천 년
도 더 전부터 중국 남부 지방에서 널리 알려져왔던 것임을 알 수
있다.

　호사비오리Mergus squamatus는 기러기목Anseriformes 오리과Anatidae 비오

리속Mergus에 속한다. 전 세계 호사비오리의 총 집단 개체 수는 1000마리 미만으로 세계자연보전연맹IUCN은 멸종위기종EN(2009)으로 정하고 중국에서는 국가 1급 보호 동물로 규정돼 절대적인 보호를 받고 있다. 또한 중국의 국보인 판다, 화남호랑이 및 금사후金絲猴와 함께 4대 야생동물로 꼽힌다.

주로 시베리아와 중국에 분포하고 헤이룽장성, 지린성에서 번식하며, 이동시 중국 동부 연해지구를 거쳐 화중, 화동, 화남 그리고 타이완에서 월동한다. 지금까지 밝혀진 번식지는 지린성 장백산 자연보호구와 헤이룽장성 벽수자연보호구이고 월동지는 장쑤성 연해지구, 동정호, 귀주성 핑탕平塘, 두원都匀, 장부掌布 및 타이완의 핑둥屏東(5마리)이다. 또한 일본과 한반도에서 관찰되고 동남아시아에서도 소수 개체가 발견된다고 한다. 최근에는 쓰촨성과 산시성(섬서성)에서도 소수 개체가 발견됐다는 보도가 나왔다.

호사비오리는 머리에 긴 댕기가 있고 붉은색의 긴 주둥이는 끝이 굽어 고리 모양을 이루며 발도 붉은 게 특징이다. 가슴은 흰색으로 갈색인 바다비오리(수컷)와 다르고, 옆구리에 비늘 모양의 무늬가 있는 점은 비오리(무늬 없이 회색)와 구별된다.

주로 활엽림과 활엽침엽혼효림 속의 계곡, 하천, 습지, 저수지나 초지에서 산다. 물오리이지만 여느 오리와는 달리 "산림에 사는 오리"로 나무 구멍에서 번식하는 점이 원앙새와 비슷하다. 호사비오리가 찾는 번식 구멍이 있는 나무는 살아 있으며 굵은 노령 활엽수이고, 구멍의 위치는 땅에서 10미터 이상 높이에 있다. 새끼가 깨어 나온 후 하루 이틀이 지나면 나무 위에서 뛰어내려 물을 찾아가야 하므로 번식 나무 그루는 물가에 있거나 혹은 물가로부터 그리 멀지 않은 곳에 있다. 육지보다 물이 더 안전하다고 느끼는 것이다. 선택하는 나무는 느릅나무, 백양나무, 참나무 등이다. 성격은 예민하여 약간의 소리만 들려도 머리를 들고 목을 움츠리며 주위를 경계하면서 유심히 살피지만 몸은 꼼짝 않는다. 그러다 위협이 느껴지면 갑자기 물 표면을 치며 날아오르거나 급격히 헤엄쳐 은폐처로 사라진다. 산속의 물살이 센 계곡을 즐기지만 개활된 수면에서도 흔히 볼 수 있다. 보통 쌍으로 다니거나 몇 마리씩 가족 팀을 이뤄 헤엄치는 것을 볼 수 있다. 식성은 동물성 위주인데 작은 물고기, 땅강아지, 갑충류 등을 즐겨 먹는다. 사냥은 흔히 강면이 개활된 수면에 물결이 잦고 흐름이 완화된 깊은 물속에서 하며 몸을 솟구쳐 위로 올렸다가 다시 잠수하여 물고기를 잡는다. 물고기 사냥에 성공하면 곧바로 수면 위로 올라와 통째로 삼킨다. 하루 종일 물 위에서 활동하거나 채식을 그치지 않는다.

번식기가 되면 호사비오리는 흐르는 물속에서 교배한다. 교배 전 수컷은 암컷 주위를 돌면서 같이 즐겁게 놀다가 만약 암컷이 주동적으로 다가와 앞에 머물면 그 등에 뛰어올라 10초 안팎 사이에 교배를 마친다. 4월 초에서 중순쯤 알을 낳는데, 보통 하루에 한 알씩 낳지만 마지막 알은 꼭 하루 건너서 낳는다. 1년에 한 둥지만 번식하며, 보통 한 둥지에 10알 안팎을 낳는다. 알은 긴 타원형이고 연한 회색에 푸른색을 띠며 위에 불규칙적인 녹슨 색의 반점들이 있는데 굵은 쪽에 더 많이 집중돼 있다.

가을 이동 전에 큰 집단을 이뤄 남쪽으로 날고 봄에 장백산 지역에 도착한 뒤 무리는 금세 흩어져 각기 쌍을 지어 자리를 찾아 번식한다. 번식하는 쌍들은 서로 일정한 거리를 두고 둥지를 찾는다. 맘에 드는 둥지를 최종 결정하는 것은 암컷이다. 헤이룽장성의 조사에 따르면 워낙 드문 새인 까닭에 둥지들 간 거리는 최소 1.3킬로

미터에서 3킬로미터 안팎이다. 아성체와 번식에 참가하지 않는 개체는 작은 무리를 지어 물살이 있는 곳을 찾아 먹이 사냥을 하며, 이미 쌍을 지어 둥지를 찾은 번식 쌍들은 둥지 주변의 멀지 않은 계곡에서 활동한다. 보통 둥지가 있는 강변에는 굵은 노령 활엽수가 있다. 또 하나 다른 특징은, 번식기 동안 호사비오리는 그리 높은 울음소리를 내지 않는다는 것이다. 이 점에서 요란한 소리를 내는 청둥오리나 흰뺨검둥오리와는 많이 다르다.

특히 호사비오리는 몸매가 매끈한 유선형이라 다른 오리류보다 비행 속도가 빠르다.

병아리 크기의 호사비오리 새끼들은
알록달록 위장 색의 깃털을 하고 있어 예쁜 인형 같다.
채 자라지 못한 날개로 중심을 잡고
물 위를 박차면서 뛰어가는 모습은 앙증맞기 이를 데 없다.

1_
호사비오리와의 첫 만남

"온다! 드디어 가까이 오는구나. 수컷이다!"

　나도 모르게 옆에 누가 있는 것처럼 중얼거리면서 탄성을 내뱉었다. 애타게 기다리던 호사비오리 수컷이 뒷머리에서 어깨까지 흘러내린 기다란 갈기를 호기롭게 휘날리며 강 건너에서 내 위장텐트 앞으로 물결을 헤치며 내려오고 있다. 흐르는 물살에 휩쓸려가지 않으려고 균형을 유지하면서 옆모습으로 다가오는데, 그 때문에 호사비오리의 가장 독특한 청록색 갈기와 옆구리의 비늘무늬를 자세히 볼 수 있었으니 오히려 행운이었다. 화려하지 않지만 담백하게 그려낸 오묘한 색의 조합처럼 기품 있는 자태에 넋을 빼앗겼다. 이렇게 가까이서 보기 위해 추위에 떨며 홀로 기다린 시간이 얼마던가? 그 수컷 뒤로 암컷이 마치 산책하듯 일정한 간격을 둔 채 뒤따르고 있다. 누가 한 쌍이 아니랄까봐 옆구리에 있는 비늘무늬는 수컷과 똑같다. 새벽부터 위장텐트 속에서 꼼짝 않고 기다리던 중 산

삼악산 계곡의 등선폭포 입구가 있는 북한강에서 겨울을 나는 호사비오리 수컷이 먹이 사냥을 위해 강 가장자리로 이동하고 있다.

경계심이 유달리 강한 호사비오
리 암컷이 수컷을 따라 강 가장
자리로 오는 모습.

책하는 주민이 강을 따라 걸어 내려오면 건너편 호사비오리가 슬금슬금 달아나 얼마나 가슴을 졸였는지 모른다. 오리들 가운데 유달리 경계심이 심한 이 녀석들을 가까운 거리에서 보려면 내 모습을 들키지 않고 끈질기게 숨어 있어야만 한다. 물론 주위에 오가는 사람이 없어야 가까이 다가온다. 강 건너에 있을 때는 거리가 너무 멀어서 육안으로는 호사비오리인지 그냥 비오리인지 가늠하기 힘들다. 결국 이 녀석들이 위장텐트를 치고 있는 내 앞으로 다가와야 하는데 언제가 될지 기약 없는 만남을 위해 지루함을 이겨내야만 한다. 지금처럼 산책하는 사람도 없고 내 텐트 앞으로 출렁이는 물소리만 들리는 조용한 순간에 호사비오리가 먹잇감을 찾아 강을 건너온다면 일주일 내내 추위 속에서 고생한 기다림에 대한 최고의 보상일 것이다.

며칠 허탕치면서 포기할까 하는 마음도 숱하게 들었다. 호사비오리는 물고기를 주식으로 하기 때문에 흐르는 물가를 오르내리면서 돌 틈에 있는 물고기를 자맥질하여 사냥한다. 강을 건너오는 녀석도 내가 있는 물가의 돌 틈을 찾아서 가로지르는 것이다. 기다란 붉은 부리 끝에 물방울이 맺혀 있는 모습이 맨 눈으로도 선명히 보이는 데까지 접근해왔다. 자연스럽게 내 텐트를 경계하지 않고 점점 더 가까이, 거침없이 미끄러져 온다. 렌즈를 통해서 보는 호사비오리 수컷의 아름다운 갈기와, 물방울이 맺혀 있는 몸통의 깃털이 햇빛에 반짝인다. 눈부시다. 아름다운 호사비오리 모습에 감탄하는 나는 이 순간만큼은 어떤 방해도 받지 않길 간절히 바란다. 헤엄쳐 물가 쪽으로 다가오면서도 물고기를 찾느라 부리와 얼굴만 물속에 담갔다 뺐다를 되풀이하더니 불쑥 머리를 돌려 내 텐트를 쳐다본다.

순간 온몸이 굳어버린다. 두근두근 심장 소리에 이 녀석이 달아

수심이 비교적 얕은 곳을 찾아다
니며 먹이 사냥을 하는 습성 때
문에 강 가장자리까지 온 수컷
호사비오리의 모습이다.

월동을 위해 북한강을 찾아온 지
벌써 3개월이 지난 것으로 짐작
되는데, 서로 짝이 맞은 한 쌍이
먹이 사냥을 위해 물살을 가르며
이동하는 모습이다.

북한강에서 만난 비오리 한 마리
와 호사비오리 수컷들의 모습인
데 제일 앞에 있는 녀석이 비오
리 수컷으로서 머리에 갈기가 없
고 옆구리에 비늘무늬가 없다.
멀리서 보면 비오리와 호사비오
리를 구분하기 쉽지 않다.

한강의 팔당댐 아래 여울에서 먹이 사냥을 하는 호사비오리 한 쌍이다. 수심이 낮은 곳에서 주로 사냥하는데 왼쪽의 수컷은 머리만 물속에 들이밀고 헤엄치면서 물고기를 찾고 있고, 물고기를 발견한 암컷이 자맥질을 시작한다.

날까 싶어 카메라 셔터를 누를 수가 없다. 다행히 텐트에 사람이 숨어 있다는 것을 알아차리지 못한 녀석이 4~5미터 앞까지 다가왔다. 내 몸은 얼어붙었다. 예상보다 너무 가깝다. 숨도 못 쉬고 바라만 본다. 카메라 셔터 소리에 도망갈까봐 누르지 못한다. 여유 부리며 다가온 녀석이 물 위로 솟아 있는 작은 바윗돌 옆으로 훌쩍 자맥질을 해 물속으로 사라졌다. 정신이 번쩍 든다. 이제는 망설임 없이 촬영해야지. 이 순간을 포착하려고 그 긴 시간을 기다려오지 않았던가. 자꾸만 혼잣말을 되뇐다. 물 위로 나타나기만 해봐라! 또 중얼거린다. 스스로 최면을 걸어보지만 몸은 경직됐고 셔터 위에 놓인 손가락은 뻣뻣하기만 하다. 물속에서 고기 한 마리를 사냥해 물 위로 올라왔다. 잡힌 물고기가 몸통을 심하게 흔들어대자 물방울이 사방으로 튄다. 몸부림치는 물고기는 호사비오리가 악어 이빨처럼 톱니 같은 이빨로 미끄러지지 않게 꽉 물고 있기 때문에 빠져나갈 수 없다. 아, 이젠 나도 모르겠다. 셔터를 연속해서 정신없이 눌렀다. 인기척을 느끼고 달아나도 어쩔 수 없다. 물고

기 옆구리를 물고 삼킬 기회를 엿보던 녀
석이 힐끗 위장텐트를 쳐다본다. 나도 모
르게 셔터 누르던 손이 멈춰졌다. 그때 렌
즈를 통해 그 녀석과 눈이 마주쳤다. 물론
나는 텐트 속에 있기 때문에 그 녀석이 내
모습을 볼 수 있을 리는 없다. 하지만 눈이
마주친 순간 존재를 들킨 것 같아 나도 모
르게 몸이 그 자리에 박혀버렸다. 숨소리
가 들릴까 싶어 숨도 죽였다. 그렇게 쳐다
보던 녀석이 위장텐트가 자신에게 위협이
되지 않는다고 여겼던지 고개를 돌린다. 단
몇 초이지만 그 순간 마치 온 세상이 멈춘
듯했다.

이 녀석, 이제는 주변에 대한 경계를 풀
고 잡은 물고기를 삼키는 데 열중한다. 그
래도 위장텐트가 이상했던지 뒤로 돌아선
채다. 물고기의 옆구리를 물고 있는 녀석
이 그걸 삼키려면 물고기 주둥이가 목구
멍 쪽으로 돌아서야 한다. 어린아이가 공
기놀이하듯이 물고기를 살짝살짝 머리 위
로 던지면서 물고기의 몸통 방향을 바꿔
야 하는데 살아 있는 물고기가 팔딱거리
기 때문에 생각처럼 되지 않는 것 같다. 한
참을 씨름한 끝에 물고기 주둥이가 간신
히 부리 속으로 들어갔다. 그제야 기다렸

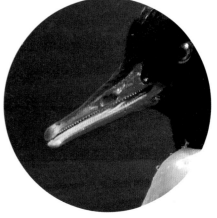

호사비오리 수컷이 물고기를 잡
아 물 위로 올라왔다. 몸부림치
는 물고기를 부리에 물고 물고기
가 힘이 빠질 때까지 흔들어댄
다. 위장텐트와의 거리가 너무
가까워 초점이 맞지 않았다.

호사비오리 부리에는 악어 이빨
처럼 생긴 톱니가 있어 미끄러
운 물고기를 한번 물면 놓치지
않는다.

다는 듯 부리를 하늘로 치켜들고 꿀꺽꿀꺽 삼키기 시작한다. 덩달 아 나도 셔터를 눌러댔다. 이제 더는 쳐다보지 않는다. 조금 안심된 다. 그렇지만 셔터 소리에 낌새가 이상했던지 강 건너 쪽으로 슬금 슬금 멀어져간다. 자꾸만 거리를 두는 녀석이 야속하기만 하다. 잠 시 후에는 아주 멀리 가버렸다. 짧은 만남이었지만, 그래도 고대하 던 호사비오리 수컷의 날렵한 모습을 선명하게 카메라에 담았다. 실감이 나지 않는다. 찍던 순간 카메라에 잘 담았는지 어땠는지 기 억이 나지 않는다. 예감이 안 좋다. 조심조심 모니터를 확인한다. 그 런데 초점이 맞지 않았다. 눈을 씻고 또 봐도 초점이 나갔다. 내가 있던 위장텐트와 녀석과의 거리가 지나치게 가까워서 렌즈의 자동 초점이 인식하지 못할 걸 예상치 못한 탓이다. 무슨 낭패인가. 불안 했던 예감이 현실로 되어버렸다. 아…… 탄식이 절로 나온다. 카메 라 모니터를 멍청히 보면서 온몸의 힘이 쭉 빠진다.

춘천 MBC 전영재 기자의 제보로 찾아온 북한강 등선폭포 입구 근처 강가에서 안개가 자욱한 새벽부터 위장텐트를 치고 한나절을 숨어 있다가 겨우 만난 녀석이다. 2006년 1월의 강바람은 살을 에 는 듯하다. 그걸 알기에 단단히 갖춰 입고 왔는데 추위에 몸이 떨 려 그냥 포기할까, 얼마나 망설였는지 모른다. 카메라 모니터를 보 고 또 봐도 초점이 맞지 않았다. 소리 없이 흐르는 강물을 바라본 다. 그동안 촬영하면서 이런 때가 가장 허망하다. 야생의 순간은 되 돌릴 수 없다. 다음에 잘해야지, 생각은 하지만 그 기회가 언제 주 어질지 장담할 수 없다는 걸 알기에 한숨이 새어나온다. 지금까지 는 초점이 맞지 않으면 그 자리에서 미련 없이 삭제하는 것이 습관 처럼 되어 있었다. 그런데 지금 이 사진은 안타까워서 지울 수 없다.

위장텐트에서 들리는 셔터 소리에 신경이 쓰였던지 호사비오리 수컷이 물고기를 삼키기 전 눈치를 보며 돌아서서 슬금슬금 멀어지고 있다.

호사비오리 수컷을 따라 다가온 암컷도 수컷에 뒤질세라 물고기를 잡고 물 위로 올라왔다. 손에 잡힐 듯 가까운 거리에서 사냥한 이 녀석도 셔터 소리에 경계를 한다.

호사비오리 암컷에게 잡힌 물고기가 몸부림치자 좌우로 흔들어 빠져나가지 못하도록 제압하면서 삼키려 애쓰고 있다.

삼악산 계곡의 등선폭포 입구가
있는 북한강 가의 모습. 댐에서
흐르는 물이 겨우내 얼지 않고 물
이 깨끗해서 호사비오리가 매년
겨울 찾아와 월동하는 곳이다.

사진을 지울 수 없다기보다는 기약 없는 기다림에 도전했던 인고의
시간을 지우기 힘들다는 게 맞는 말이다.

　호사비오리 수컷은 생김새가 꽤나 독특하다. 날카로운 붉은 부리
와 청록색으로 빛나는 머리 깃 뒤로 날렵하게 휘날리는 댕기는 단
아한 옛 선비의 모습을 떠올리게 하며, 옆구리에 용 비늘 같은 하얀
무늬가 선명해서 그 차림새는 멋들어진다기보다 매력 넘친다고 할
것이다. 깃털 색깔과 배열이 촌스럽지 않고 품위 있어 형형색색은
아니지만 자연스럽고 아름답다. 보기만 해도 절로 반할 정도다. 암
컷은 다른 새들과 마찬가지로 보호색이지만 그 또한 깃털 색깔과
배열이 품위 있다. 옆구리의 용 비늘 무늬는 누가 한 쌍이 아니랄까
봐서 수컷하고 똑같다. 암수 한 쌍의 강렬한 인상은 쉽게 잊히지 않
는다.

　이렇게 2006년의 첫 만남을 기억할 때마다 호사비오리에게 두
번째로 마음을 빼앗긴 사건이 떠오른다. 첫 만남이 있은 지 정확히

부리는 립스틱을 바른 듯 붉고 선명하며 머리는 청록색 갈기가 멋진 호사비오리 수컷의 모습이다. 암컷보다 몸이 조금 더 크다.

암컷의 머리는 암갈색으로 수컷과 차이가 나지만, 부리 색깔이나 갈기, 비늘무늬는 수컷과 똑같다.

9년 후로 기억된다.

전라남도 나주 지석천에서 월동하는 호사비오리를 촬영할 때의 일이다. 지석천은 남평읍을 휘돌아서 영산강으로 흘러 들어가는 작은 강인데 매년 이곳에 호사비오리 수십 마리가 찾아와 월동을 한다. 강물이 깨끗할 뿐 아니라 물고기가 많고 겨울에도 물이 얼지 않아 월동하기에는 최적의 조건을 갖추고 있다. 지인이 만들어둔 강가

월동하는 무리는 대부분 집단을
이루는데 천적의 공격에 대비한
방어 목적으로 보인다. 호사비오
리도 월동하는 동안에는 단독으
로 생활하지 않고 무리를 이루며
지낸다.

먹이 사냥 때문에 자맥질을 하다
보면 무리에서 멀어지는 경우가
허다한데, 물 위로 올라온 호사
비오리 한 쌍이 무리와 너무 떨
어졌다고 판단됐던지 황급히 박
차고 날아올라 무리를 찾아가고
있다.

나주 함평을 휘돌아 영산강으로 흘러가는 지석천의 모습이다. 이곳도 겨우내 얼지 않는 강물이 깨끗해서 호사비오리가 매년 찾아온다.

지석천 강가에 만들어놓은 호사비오리 탐조를 위한 움막이다. 이곳에서 탐조하는 지인들이 만들어 겨울에만 이용한다. 이 움막은 호사비오리가 찾아오기 전에 미리 설치해 호사비오리들이 크게 경계하지 않도록 배려하고 있다.

지석천 강가에 있는 움막에서 호사비오리가 움막 근처로 다가올 때까지 렌즈를 거치하고 기다리고 있다. 하루 종일 움막 속에서 기다리다가 운 좋으면 호사비오리들이 가까이 다가와 사냥할 때도 있지만, 하루 종일 강 건너에 있는 모습만 눈으로 확인해야 하는 날도 부지기수다.

의 위장막 안에서 며칠 동안 호사비오리의 월동 모습을 촬영할 수 있게 되었다. 위장막 건너편 강가에는 이따금 낚시꾼들이 나타나서 호사비오리들을 긴장하게 만들지만 이들이 월동하고 물고기 사냥을 하는 데는 큰 지장이 없는 듯했다. 이들은 겨우내 이곳에서 지내다가 봄이 되면 번식하기 위해 백두산이나 중국 동북쪽으로 돌아가는데, 특히 이 시기부터 짝짓기가 이루어진다는 사실을 알기 때문에 2015년 2월 말경 지석천을 일부러 찾아갔던 것이다. 서로 짝을 이룬 한 쌍이 강물 위아래로 물고기 사냥을 하다가 예고도 없이 짝짓기를 하므로 새벽부터 위장막 안에서 호사비오리 한 쌍이 보이면 한순간도 놓치지 않으려고 필사적으로 매달렸다. 이들도 위장막 경계를 게을리하지 않았지만 이따금 물고기를 따라 자맥질을 하다보면 위장막 앞으로 접근해오기도 했다. 그렇더라도 이들이 위장막을 무시하는 것은 아니다. 언제나 경계 태세를 갖춘다. 경계한다는 사실을 알 수 있는 것은, 녀석들이 물고기를 따라 자맥질을 하다가 불쑥 물 위로 몸을 드러내며 주변을 살피던 중 위장막을 발견하면 빠른 발놀림으로 뒷걸음질치듯 헤엄치면서 긴장 가득한 눈빛으로 힐끔힐끔 위장막 쪽을 바라보기 때문이다. 더구나 위장막 가까이에서는 절대 짝짓기를 하지 않는 것만 봐도 알 수 있다.

위장막 안에서 이틀을 헛고생하고 사흘째 되던 날, 봄바람은 살랑살랑 불고 햇살은 나른하며 강물은 잔잔했다. 새벽부터 찾아든 위장막 안에서 특히 바짝 붙어 물고기 사냥을 하던 한 쌍의 분위기가 심상치 않아 짝짓기를 하지나 않을까 긴장을 늦추지 못하고 있었다. 둘은 그렇게 한동안 물고기 사냥을 위해 번갈아 자맥질을 하다가 슬금슬금 강 한가운데로 멀어졌다. 이들의 행동을 추적한 지도 벌써 다섯 시간이 지나 정오가 가까워질 무렵이었다. 멀어진

자기 짝인 수컷 옆에 바짝 붙어
서 있는 암컷이 근처의 다른 수
컷을 경계하는 모습이다. 수컷이
다른 수컷을 경계하는 모습을 보
다가 암컷이 다른 수컷을 경계하
는 모습을 보니 조금 신기하다.

그들의 모습이 점점 더 작아지는 걸 보면서 촬영을 포기하려고 카메라 셔터에서 손을 내리려는 그때, 암컷이 고개를 숙이면서 수면 위로 머리를 쭉 까는 모습이 언뜻 보였다.

"짝짓기가 시작되는구나!"

서둘러 카메라 앞에 바짝 붙어 앉아 셔터에 손을 올렸다. 오매불망하던 짝짓기 모습을 볼 기회가 온 것이다. 물론 거리가 너무 멀어서 선명하게 찍을 순 없지만 습관적으로 셔터를 누르기 시작했다. 암컷이 고개를 쭉 펴서 수면 위로 내리깔자 한참을 쳐다보던 수컷이 드디어 암컷 위로 올라서서 본격적으로 짝짓기에 돌입했다. 이 행동은 여타 오리들과 별반 다르지 않은 것이다. 그저 오리들이 물 위에서 짝짓기하는 지극히 평범한 자세다. '환상의 짝'이라고 할 만한 일은 수컷이 짝짓기를 마치고 암컷 등 위에서 내려온 뒤에 일어났다. 암컷과 떨어진 보통의 다른 오리 수컷은 그 자리에 가만있는 암컷 주위를 한 바퀴 빙 도는 것으로 짝짓기 후의 세리머니를 마친다. 그렇게 수컷이 암컷 주위를 돌고 나면 암컷은 그 자리에서 벌떡 몸을 세우고 힘차게 날갯짓으로 화답한다. 호사비오리도 그렇겠지 하고 무심히 눈을 떼려는데 암컷 등 위에서 내려온 수컷이 암컷의 목덜미를 부리로 물고 암컷을 한 바퀴 빙 돌리는 것이 아닌가!

마치 남자 무용수가 제자리에 서서 여자 무용수를 한 바퀴 빙 돌리는 행동을 하는 것이다. 암컷은 그렇게 뒷목을 물려서 한 바퀴 돌려지는 와중에도 반항하거나 도망가지 않고 얌전히 따른다. 처음 보는 짝짓기 후 세리머니가 정말 독특하고 멋지다는 인상을 남겼다. 예상치 못한 장면에 역시 호사비오리는 다른 오리들과는 차별화된 환상의 짝임을 더욱 실감하게 되었다.

북한강 가에서 우아한 호사비오리와의 첫 만남은 강렬한 한편

호사비오리는 겨울을 무사히 보내고 봄이 찾아오는
3월이 되면 짝짓기를 하는데 강가에서는 눈치가 보
이는지 조용하고 넓은 강 가운데를 찾아간다. 짝짓기
할 때 방해받지 않으려는 의도로 보인다. 그 때문에
너무 멀어서 아쉬운 순간이었지만 짝짓기 후 수컷이
암컷의 뒷목을 물고 한 바퀴 돌리는 의식은 전혀 예
상치 못한 놀라움이었다.

강가에 갑자기 나타난 사람을 피해 무리지어 날아오른 호사비오리의 모습. 오리 중 유별나게 예민한 반응을 보인다.

호사비오리 근처에서 무리지어 먹이 사냥과 휴식을 취하던 겨울철새인 흰뺨오리들이 모두 자리를 박차고 날아올라 강 하류 쪽으로 황급히 자리를 피하는 모습이다.

아쉬움이 남았다. 길고 긴 기다림의 고달픔도 잊고 해냈다는 성취감이 그 아쉬움을 조금이나마 달래주었다. 더 이상의 미련을 버리고 위장텐트의 덮개를 열고는 굳어진 몸을 일으켰다. 팔을 뻗어 기지개를 켜본다. 안개 걷힌 강물 위로 먹이 사냥을 하던 호사비오리 한 무리가 갑자기 나타난 나를 발견하고 황급히 날아오르자, 근처에 있던 흰뺨오리 한 무리도 덩달아 날아오른다. 강 건너편 마른 나뭇가지에서 멧비둘기는 영문도 모른 채 덩달아 황급히 날아올랐다. 금세 강물 위에는 오리가 한 마리도 남지 않고 텅 비어버렸다. 오리를 품고 있던 북한강 물결만 소리 없이 출렁인다. 이렇게 첫 만남을 갖게 된 호사비오리는 과연 백두산이 자기 고향일까? 오랜 궁금증이 또 되살아난다.

2_
백두산으로의 여정

1993년 전영재 기자가 멸종위기종인 호사비오리를 석 달간의 추적 끝에 민간인 출입통제선 안쪽의 철원 한탄강에서 66년 만에 처음 발견했다는 뉴스가 보도되었다. 세계적으로 500여 마리만 살아 있는 멸종위기 희귀종이라는 사실보다는 호사비오리가 겨울에 찾아왔다가 봄에는 번식을 위해 백두산으로 간다는 사실에 부쩍 관심이 갔다. 백두산이 어디인가? 우리 가슴속에 담긴 산, 민족의 혼이 서린 영산 아닌가. 당시에 나는 주로 산 사진을 찍었지만 호사비오리가 겨울에 찾아왔다가 봄에 백두산에서 번식한다는 사실이 결국 백두산은 우리와 떼려야 뗄 수 없는 강산임을 증명해주는 것 같아 흥분되었다. 그 시기에는 주로 국립공원으로 지정된 우리 명산을 다니면서 촬영했던 터라 언젠간 백두산에도 꼭 다녀오리라 다짐했기에 마음이 더 들떴는지도 모른다.

호사비오리에 대한 보도가 나오고 2년 뒤인 1995년 봄, 그렇게 그리던 백두산을 처음 올랐다.

백두산을 어떻게 찾아가고 촬영은 어디에서 하는지도 전혀 모르는 초행길은 여정 내내 시행착오로 힘들었지만, 다음 해부터는 조금씩 자신이 생겨서 제집 드나들듯 매년 백두산 여정에 올랐다. 봄이 되어 백두산을 오를 때마다 이곳에서 번식을 마치고 우리나라로 찾아오는 새들로는 어떤 것이 있을까 항상 궁금했다. 풍경을 찍을 때는 소위 포인트에 카메라를 설치하고 원하는 빛과 구름이 형

2011년 6월 25일 백두산 6호 경계선 쪽 수면에서 찍은 좀참꽃과 만병초의 모습이다. 백두산 천지 주변에선 매년 6월 중순부터 6월 말까지 봄꽃이 피어난다.

성될 때까지 기다린다. 흡족한 장면이 나타날 때까지 짧게는 몇 시간에서 길게는 하루 종일 기다려야 하지만, 사실은 그런 순간은 오지 않아 포기하는 일이 다반사였다. 특히 백두산에서 이런 기다림의 시간이 계속되자 주변으로 날아가는 새들을 관찰하는 버릇이 생겼다. 겨울에 우리나라를 찾아와 겨울을 나고 봄에 백두산으로 번식하러 간다는 호사비오리의 모습을 생각하면서.

그러나 백두산 어느 곳에서 호사비오리가 번식하는지, 그에 관한 정보를 알고 있는 사람을 찾을 수 없어 몇 년간 애만 태웠다. 백두산을 근거지 삼아 사는 중국인뿐 아니라 조선족까지 백두산 풍경에 관한 정보만 중요시했다. 중국 당국의 산림보호국에서도 조류

보호에 대해서는 크게 괘념치 않았고 주로 포유류에 관심을 두었다. 그런 까닭에 백두산에서 번식하는 새들을 찍는다는 것이 현실적으로 상당히 어려운 일임을 알게 되었지만, 한편으로는 그런 어려움이 오히려 더 간절한 바람을 갖게 만들었는지도 모른다.

처음으로 백두산의 봄을 촬영하고 돌아온 1995년 7월, 지리산 천왕봉의 여름 풍경을 찍고 하산하다가 새 사진에 뛰어들게 될 결정적인 경험을 하게 된다.

천왕봉을 내려와 하룻밤 묵었던 장터목 대피소에서 라면으로 이른 점심을 해결하고 느긋하게 백무동 계곡으로 하산하던 중, 너럭바위에서 잠깐 배낭을 풀고 땀을 닦으며 쉴 때였다. 등산로 바로

1995년 여름, 지리산 천왕봉에서 장터목 대피소로 내려오다가 제석봉에서 북쪽을 바라보고 찍은 운해 사진이다.

옆, 한 아름이 넘는 커다란 잣나무의 높은 나뭇가지에서 이름 모를 새 한 마리가 지저귀는 소리에 나도 모르게 귀를 쫑긋 세웠다.

'아! 산에는 저런 아름다운 소리를 내는 새들이 있구나! 산새를 찍어도 멋진 작품이 되겠는걸.'

그때 아름다운 소리를 내던 그 새와의 만남이 나에게 또 다른 도전의 계기가 되리라고는 미처 생각지 못했다. 그 이름 모를 새는, 나중에 확인한 바에 따르면, 잣을 주로 먹는 '잣까마귀'였다. 그 시기에는 대부분의 새가 번식을 위해 짝을 유혹하려고 노래를 부르기 때문에 특히 예쁜 목소리를 낸다는 사실도 알게 되었다. 그 뒤로 기회가 되면 백두산뿐만 아니라 우리 산과 강에서 살아가는 새들을 꼭 찍어야겠다는 생각을 마음속에 품고 다녔다. 그렇지만 새 사진에 접근할 특별한 계기가 없어 그 후로도 몇 년을 더 흘려보냈다. 그러던 중 단골로 다니던 충무로 카메라 가게에서 새 촬영을 위해서는 초망원 렌즈가 필수품이라는 얘기에 솔깃해져 1999년 자의 반 타의 반으로 600밀리 망원렌즈를 구입하게 되었다. 이때만 해도 주로 산으로 올라 산 사진을 하던 대형 카메라와 광각렌즈로는 새 사진을 찍기 어렵다는 것을 알고 있었기에 가게 점원의 유혹에 쉽게 넘어간 것 같다. 결국 어떤 소재를 촬영하는가에 따라 렌즈의 선택이 달라지는데, 600밀리 망원렌즈를 구입한 초기에는 여전히 손에 익은 산 사진용 광각렌즈를 들고 산으로 가는 것을 더 선호했다. 그러다가 산 사진을 찍기 애매한 시기에 잠깐 짬을 내 새로 구입한 600밀리 망원렌즈로 산새와 물새를 촬영했는데, 처음에는 무겁고 힘겨운 그 망원렌즈를 다루는 게 많이 어색했다. 그러던 것이 점점 새들의 역동적인 모습에 매료되면서 산 사진은 뜸하게 찍고부터는 본격적으로 새 사진에 몰두하게 되었다. 산 사진을 찍으면서 시시각각 변하는 빛에 따라 제 모습을 달리하는 자연의 경이로움에 감탄했다면, 새 사진을 찍으면서는 새들의 역동적인 움직임과 둥지에서 자라나는 어린 새들의 앙증맞은 몸짓에 시선을 빼앗겼다. 그 후 자연스레 산 사진을 찍는 카메라를 멀리하게 되었다. 이렇듯 본격적으로 전국을 돌며 새 사진에 빠져들면서도 나는 백두산이 고향인 호사비오리가 겨울을 나기 위해 우리나라를 찾아온다는 사실만큼은 결코 잊지 못하고 있었다.

3_
둥지를 사수하라

2015년 5월 호사비오리 둥지가
있는 위수나무 수공으로 '동북진
사'라는 시커멓고 커다란 뱀이
거의 수직에 가까운 나무 밑동을
기어오르고 있다.

"앗, 뱀이다. 뱀이 올라간다!"

다급하게 소리치며 손양빈이 위장막 밖으로 뛰쳐나간다. 뒤따라
당 씨가 달려나가고 위장막 안에서 한담을 나누던 우리는 자리에
서 벌떡 일어나 호사비오리 암컷이 포란하고 있는 위수나무를 일
제히 올려다보았다. 내 팔로 한 아름 넘는 커다란 위수나무 밑동
에서 시커멓고 커다란 뱀이 꿈틀꿈틀 나무를 기어오르는 게 아닌
가! 온몸에 소름이 돋았다. 마치 내 몸에 뱀이 기어오르는 듯해 나
도 모르게 몸을 감싸 안았다. 당황한 사(史) 사장도 위장막을 뛰쳐나
가면서 계속 소리를 지른다. 중국 말이라 알아들을 수는 없지만 빨
리 그 뱀을 치우라는 뜻인 것만은 틀림없다. 나는 위장막 밖으로
나갈 수가 없다. 몸이 굳은 듯 그 자리에서 꼼짝 못하고 있지만 호
사비오리 암컷이 포란하고 있는 지상 7미터 높이에 위치한 둥지 속
으로 뱀이 들어가지 않기를 바랄 뿐이다. 가슴이 콩닥콩닥 뛴다. 어
떻게 될까? 달려나간 두 사람이 둥지를 살피기 위해 만들어놓은 기
다란 사다리를 들고 둥지 중간까지 오른 뱀을 밀쳐내기 위해 안간
힘을 쓴다. 무거운 사다리를 길게 잡고 휘두르는 것이 그렇게 쉬울
리 없다. 사다리 끝이 공중에서 허우적댄다. 뱀은 그러거나 말거
나 꾸역꾸역 기어오른다. 나와 함께 위장막에 있던 중국의 지
역 방송사 주 기자가 뭐라고 소리를 친다. 다급해진 것이다.
그러자 뒤에서 쳐다보던 사 사장이 사다리 한쪽을 같이 잡고 세 사람이 힘을 합쳐 뱀을 밀쳐내기 시작한다. 좌우로 흔들거리던 사다리 끝에 뱀의 몸뚱이가 용케도 걸렸다. 위장막 안에서 손에 땀을 쥐며 카메라 렌즈 구멍으로 바라보던 내가 "됐다, 됐어" 하고 소리칠 때 사다리가 나무 옆으로 획 밀쳐진다. 그 순간 뱀이 바닥으로 춤추듯 떨어진다. 휴…… 주먹을 불끈 쥐고 있던 나는 한숨을 쉰다. 다행이다. 손양빈이 떨어진 뱀에게 다시 접근해 기다란 막대기에 걸쳐서는 멀리 내다 버렸다. 온몸이 시커멓고 2미터는 족히 될 듯한 그런 뱀을 우리나라에서는 본 적이 없다. 손양빈과 당 씨 그리고 사 사장은 무슨 운동 시합에서 이긴 선수들처럼 희희낙락하면서 위장막으로 들어온다. 그 뱀은 '동북진사'라는 구렁이인데 독은 없단다.

위장막 안이 그 뱀을 치운 사건으로 소란스럽다. 위장막은 호사비오리가 포란하는 것을 관찰하기 위해 사 사장이 만들었다. 사 사장은 몇 년 전부터 사비를 들여 호사비오리를 관찰, 보호하고 있다. 그는 백두산 정상에서 관광객을 상대로 휴게소 겸 매점과 숙소를 운영하는 사업가다. 한편 그가 사업과는 무관하게 자연생태 보존의 일환으로 호사비오리를 보호하고 있다는 게 나에게 큰 행운이 될 줄이야! 사 사장과는 백두산 정상으로 풍경 사진을 찍으러 다니던 시절에 만났고 그로부터 호사비오리 번식 과정을 촬영할 기회를 얻었으니 정말 좋은 인연이란 세상에 둘도 없는 보물이란 생각이 든다.

호사비오리는 가을에 우리나라를 찾아와 추운 겨울을 나고 이듬해 봄에 백두산으로 날아가 새끼를 기르는 겨울 철새다.

새 사진에 매료되어 산 사진을 등한시하던 몇 년 동안 차일피일하며 백두산 쪽으로는 발길을 떼지 못했다. 백두산 풍경은 6월부터

한강의 팔당대교 아래쪽 여울에서 먹이활동을 하고 있는 호사비오리 수컷.

청평 부근의 북한강에서 먹이활동을 하고 있는 호사비오리 한 쌍. 번식을 위해 북상하는 3월이 다가오면 이들은 대부분 이렇게 짝을 이룬다.

나주 함평 부근의 영산강 지류인
지석천에서 호사비오리 한 쌍이
주변을 경계하며 조용한 곳으로
날아가는 모습이다.

6월 15일 백두산 6호 경계선의
수면에서 봄꽃인 좀참꽃을 배경
으로 찍은 천지의 모습이다. 백
두산은 6월이 봄의 계절이다.

7월 24일 백두산 6호 경계선
수면으로 여름 꽃인 노란 화살
곰취와 자주색의 매발톱꽃이 만
발했다.

8월 28일 백두산 6호 경계선 수면에는 좀참꽃과 만병초 등이 낙엽이 되어 짙은 갈색의 가을 분위기를 풍긴다. 백두 영봉에는 벌써 흰 눈이 살짝 내렸다.

9월 30일 백두산 천문봉과 철벽봉 사이 정상에서 천지를 배경으로 적은 겨울 풍경이다. 그동안 첫눈을 포함해 벌써 세 차례나 눈이 내렸다. 천지는 아직 얼지 않았지만 백두산 정상에서는 9월부터 겨울이 시작된다.

사진 앞부분에 있는 단층의 목조 건물이 매점과 관광객 휴게실이 있는 건물이고 맨 뒤에 있는 삼각형 지붕이 중국 정부에서 운영하는 기상대다. 기상대 오른쪽 아래에 있는 단층 건물이 매점에서 일하고 있는 직원들의 숙소였는데 지금은 철거되고 없다. 기상대와 매점 건물 가운데 있는 것은 국경 수비대의 막사다.

9월 사이에 주로 촬영했는데, 불과 4개월 동안 사계절을 모두 담을 수 있기 때문이다. 공교롭게도 이 계절에는 여름 철새들이 한창 번식하기 때문에 산과 들로 야생 둥지를 찾아 촬영한다는 이유로 눈코 뜰 새 없이 바빴다. 그렇다보니 백두산 풍경을 담을 기회를 애써 외면하는 꼴이 돼버렸는데, 그렇다고 해서 백두산에서 번식하는 호사비오리를 잊은 것은 아니었다. 새 둥지 속 새끼들을 촬영할 때마다 백두산의 호사비오리 새끼들을 자연스레 떠올렸다.

새 사진을 찍으면 찍을수록 백두산의 호사비오리가 더 궁금해지던 2010년 가을로 기억된다. 백두산 풍경 사진을 찍으면서 인연을 돈독히 하던 사 사장의 근황이 궁금해 잘 알고 지내던 조선족 동포인 최용춘 사장에게 전화를 걸었다. 최용춘씨는 백두산 천문봉 정상에 있는 휴게소와 매점을 사 사장과 공동 운영하고 있다. 이전에도 최사장과 자주 만났던 터라 전화 너머로 들려오는 목소리가 반가웠다. 사 사장의 근황을 묻던 중 그가 새 사진을 찍고 있다는 뜻밖의 소식을 들었다. 10여 년을 애태우던 내 간절함이 이심전심으로 사 사장에게 통했던 걸까? 어떤 종류의 새 사진을 찍는지 묻지

도 않고 이듬해 봄 백두산으로 그를 찾아갔다. 그런데 이게 무슨 인
연일까? 사 사장이 마침 호사비오리를 보호하며 기록하고 있다는
게 아닌가. 그 이야기를 듣는 순간 팔짝 뛰며 놀라던 나를 신기하
게 쳐다보던 사 사장의 표정이 잊히지 않는다.

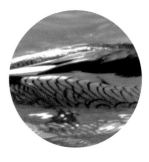

호사비오리 옆구리에는 용 비늘
과 닮은 무늬가 선명히 새겨져
있는데, 오리 중에는 유일한 모
습이다. 암수가 같은 무늬를 하
고 있다.

중국인들은 가상의 동물인 용을 신성시하며 유별나게 좋아한다.
그래서일까? 옆구리에 있는 용 비늘을 닮은 무늬 때문에 특히 호
사비오리를 아끼고 좋아한단다. 그렇다보니 보호하는 일 가운데 특
히 호사비오리 새끼들이 안전하게 먹이활동을 하도록 둥지가 있는
근처 강에 수중 댐으로 물의 흐름을 막아 작은 호수를 만들었다고
한다. 그 주변에 호사비오리를 관리하는 사무실은 물론이고 숙소
도 지었다. 그렇게 기반 시설을 만들어놓고 봄에는 호사비오리가 둥
지로 선택한 나무 근처에 직원을 상주시켜 천적으로부터 피해를 입
지 않도록 24시간 감시하고 있다니 놀라울 따름이었다. 우리나라
에서는 상상도 못 하는 일이다. 이 모든 것을 관할 관청인 산림보호
국의 허가를 받아 진행한다는 이야기를 듣고는 그가 대견스러웠다.
그동안 백두산에서 사업을 하면서 제 이익에만 몰두하는 줄 알았
는데 이런 면이 있을 줄이야. 내 막냇동생보다 한참 어린 그이지만
존경하는 마음이 들고 다른 한편으로는 내 자신이 부끄럽다. 새 사
진을 찍으면서 자연의 소중함과 자연생태 보존의 절실함을 느끼면
서도 나는 아직까지 시도조차 못 하고 있기 때문이다.

호사비오리는 우리나라에서도 2005년 천연기념물로 지정하여
보호한다지만 사 사장과 같이 개인이 물리적으로 보호하는 곳은
아직 한 군데도 없다. 물론 중국에서도 1급 보호 종으로 국가에서
관리하고 있다고는 하나, 국가에서 관리해야 하는 호사비오리를 그
가 앞장서서 보호하는 걸 보니 과연 우리는 잘하고 있는지 자꾸만

부끄러운 생각이 든다.

"앗, 또 그 뱀이 나타났다!"

중국어 통역을 위해 같이 있던 조선족 동포 김룡이 자리에서 벌떡 일어나 소리친다. 모두들 뱀을 물리치고 안도의 한숨을 내쉬던 때라 더 놀랐다. 같은 뱀이 또 찾아왔다는 사실은 소름끼쳤다. 모두들 일제히 카메라 렌즈 구멍으로 몰려들었다. 정말 위수나무 밑동에서 뱀이 고개를 나무 위로 향하면서 슬슬 기어오르는 모습이 보인다. 그 순간 사 사장의 직원인 손양빈과 당 씨가 누가 먼저랄 것도 없이 후다닥 위장막을 뛰쳐나간다. 사 사장도 황급히 따라 나선다. 뱀의 몸통은 이미 나무줄기를 탔고 꼬리는 아직 땅바닥에서 꿈틀대고 있다. 사 사장이 뭐라고 소리치는데 손양빈이 이번에는 긴 막대기를 그 뱀 허리 중간께에 넣고 자치기하듯이 휙 하고 던졌다. 뱀은 속절없이 날아가서 땅바닥에 내동댕이쳐졌다. 사 사장이 또 알아듣지 못할 말로 소리친다. 김룡에게 물었더니 뱀을 잡아 철망에 가두라고 한다. 너나없이 긴장하지 않을 수 없다. 한 번 멀리 버렸는데 또 찾아왔으니 더는 두고 볼 수 없는 것이다. 철망에 가두었는데 사 사장이 둥지가 있는 곳에서 개울 건너 더 먼 곳으로 다시는 찾아올 수 없도록 옮겨놓으라고 한다. 호사비오리 알은 아직 부화가 안 된 상태로 지상 7미터 높이의 나무 구멍 속에서 어미가 조용히 알을 품고 있을 뿐인데 어떻게 알아챈 것인지 소름이 끼칠 따름이다. 호사비오리의 천적으로는 뱀 말고도 담비가 있다. 담비는 나무와 나무 사이를 날아다니듯 하면서 호사비오리 암컷을 노린다고 한다. 둥지가 있는 나무 밑에서 사 사장 직원들이 24시간 보초를 서고 있어도 공격을 피하지 못한다. 말 그대로 속수무책인

이도백하에서 불과 7킬로미터 거리에 있는 호사비오리 보호지구 내에 송화강 지류인 강물을 작은 수중 댐으로 막아 호수를 이룬 모습이다. 이곳에서 호사비오리 새끼들이 안전하게 먹이활동을 한다. 이 호수 양측에 호사비오리가 둥지를 틀기 좋아하는 거목의 위수나무들이 있다.

사 사장이 지은 호사비오리 보호지구 내에 있는 사무실 건물 입구의 모습이다. 건물 내부에는 사무실과 접견실, 숙직실이 있다. 중국어와 한글 간판이 이채롭다.

호사비오리 보호지구 근처의 나무에 설치된 경고문. 우리나라에서는 천연기념물 보호를 위한 이런 경고문을 찾아볼 수 없다.

호사비오리 둥지가 있는 위수나
무 둘레를 뱀이나 담비가 접근하
지 못하도록 울타리를 쳐놓았다.

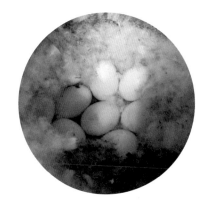

위수나무 수공에 있는 호사비오
리 알. 수공 입구에서 둥지 바닥
까지는 80센티미터쯤 된다는데
암컷의 앞가슴 털을 뽑아 알을
감싸두었다.

것이다.

　뱀의 공격이 있던 날은 공교롭게도 알이 부화할 예정이었다. 그러니까 호사비오리 알이 오늘내일 부화하여 새끼들이 둥지 밖으로 뛰어내릴 거라 짐작하면서 모두 긴장하고 있을 때였다. 4월부터 둥지를 찾고 알을 낳기 시작해 포란하는 과정을 다 지켜본 사 사장이 부화 날짜에 임박해 서둘러 입국하라고 알려준 덕택에 이곳을 찾아왔는데 뱀이 공격해서 사고가 나면 나는 빈손으로 돌아갈 터이므로 사 사장이 뱀의 공격을 막은 것이라 한다. 고마울 뿐이다. 물론 야생의 먹이사슬을 방해한 것은 맞지만 뱀의 공격을 막아야 하는지, 아니면 간섭 말고 그냥 보고만 있어야 하는지, 둘 중 어떤 선택이 옳은지에 대해선 아직도 판단이 안 선다.

4_
호사비오리의 모성애

뱀의 공격이 있던 다음 날, 새벽같이 호사비오리 둥지가 있는 위장막으로 갔다. 몇 년 동안 호사비오리 둥지를 관찰한 사 사장의 경험으로 미루어볼 때 곧 부화할 게 틀림없으므로 잠시도 게을리 할 수 없었다. 보통 부화된 새끼들은 아침 시간에 둥지 밖으로 뛰어내린다고 했다. 둥지는 조용하고 평온했다. 밤새 지키고 있던 사 사장 직원인 당 씨가 나를 보고 씩 웃는 것으로 아침 인사를 대신한다. 둥지가 있는 위수나무 뒤로는 작은 댐이 있다. 사 사장이 사비를 들여 만든 것이다. 물이 차면 댐 위로 물이 넘친다. 그 넘치는 물소리가 숲속을 스치는 바람 소리와 어우러져 아름다운 하모니를 이룬다. 숲에서는 꾀꼬리가 구애하는 청아한 소리와 뻐꾸기가 쉼 없이 뻐꾹거리는 소리가 들린다. 우리나라에서는 흔한 텃새인 붉은머리오목눈이 둥지에 뻐꾸기가 탁란을 많이 하는데 여기서는 붉은머리오목눈이가 보이지 않는다. 백두산 뻐꾸기는 어떤 둥지에 탁란을 할까? 마을 주변으로 노랑떼까치와 물까치, 그리고 우리나라에서는 극히 보기 어려운 큰개개비의 둥지가 많이 있는데 혹시 이런 녀석들 둥지에 탁란을 할까? 물가에는 깝짝도요 한 쌍이 부지런히 오르내리고 있다. 노랑할미새도 긴 꼬리를 까딱거리며 번식을 준비한다. 위장막 밖으로 보이는 풍경은 우리나라 어느 시골구석에 앉아 있다는 착각이 들 만큼 판박인 모습이다. 호사비오리가 둥지를 튼 위수나무는 우리나라에서는 볼 수 없어 낯설지만 개울 위로 쉬지 않고 날아다니는 귀제비 또한 우리 시골에서는 흔하다. 사 사장이 지어놓은 사무실 처마에 귀제비가 다닥다닥 집을 짓고 있다. 참새는 그 귀제비의 묵은 둥지에 보금자리를 마련했는지 열심히 지푸라기를 물고 들락날락한다.

그렇게 평화로운 주변을 감상하는 데 푹 빠져 있던 그때, 호사비오리 둥지 입구에 암컷이 훌쩍 날아들었다. 부지런히 앵글에 눈을 맞추고 이 녀석의 행동을 주시한다. 분명히 둥지 안에는 밖으로 나가지 않은 암컷이 포란하고 있는데 이 녀석은 대체 누구이기에 둥지 입구에 나타났을까? 입구에 내려앉은 이 암컷이 둥지 속을 들여다보며 꽥꽥 소리를 낸다. 기다란 목을 둥지 속으로 들이밀기도 하는데 이 암컷의 정체는 뭘까? 그렇다고 둥지 속으로 들어가는 것은 한 번도 보지 못했다. 사 사장은 웃음기 없는 얼굴로 둘째 암컷이라고 한다. 그러니까 사람으로 치면 둘째 부인이라는 것인데, 원래 부인과 달리 좀 어려 보인다. 짐작으로는 둥지 속에서 포란하고 있는 암컷의 1년생 새끼인 것 같다. 야생이란 모든 가능성을 지녔으니까. 다만 호사비오리는 모성애가 강해서 자기가 낳은 새끼 외에도 어미를 잃은 다른 새끼들을 내치지 않고 다 받아들여 자기 새끼와 같이 돌본다. 호사비오리는 보통 알을 8~12개 정도 낳는다. 다시 말해 알이 너무 많으면 한배에 다 품을 수 없다. 지금 포란하고 있는 암컷의 알도 9개라고 한다.

그런데 개울에서 새끼를 데리고 다니는 암컷이 어떤 때는 15~20마리를 혼자 돌보는 것이 매년 목격된다. 어미를 잃어 고아가 된 다른 새끼들을 거두어 자기 새끼들과 같이 보살피는 것이다. 그런 모성애로 미루어보건대 지금 둥지에 내려앉은 녀석은 어미의 지난해 새끼일 가능성도 있다. 이 녀석은 아침부터 저녁까지 계속 한두 시

여름 철새인 이 뻐꾸기가 한반도 최북단인 백두산까지 올라와서 호사비오리가 번식하는 숲속에 자리를 잡았다. 어떤 새의 둥지에 알을 낳을지 궁리하는 듯 하루 종일 뻐꾹거리는데, 주변에 그럴듯하게 보이는 새가 많지 않은 게 궁금증을 더한다.

간 간격으로 둥지를 찾아온다. 둥지 속에서 포란하고 있는 암컷도 1시간 30분 간격으로 둥지 밖으로 나왔다가 5~10분 만에 다시 둥지로 들어가 포란을 계속한다. 그 두 암컷이 다투는 것을 보지는 못했다. 혹시 포란하던 암컷이 자리를 비울 때 매일 찾아오는 이 암컷이 둥지 속으로 들어가는 것은 아닐까 싶어 유심히 관찰했지만 그런 일은 없었다. 파랑새 한 마리가 호사비오리 둥지 나무 위로 한 바퀴 돌고 간다. 위수나무 구멍 속의 둥지에서는 호사비오리 암컷이 앞가슴 속 털을 뽑아 알을 감싼다. 포란반이 생기는 앞가슴 속 털이다. 모든 새는 포란반으로 알을 품는다. 포란할 때 앞가슴 털이 자연스럽게 빠지는 새도 있고 제 스스로 앞가슴 털을 뽑는 새도 있다. 제 몸이 망가지는 것도 개의치 않고 알을 품는 새들은 우리가 생각하는 것보다 더 지극정성의 모성애를 발휘한다.

경기도 야산 자락에서 새끼를 키
우고 있는 붉은머리오목눈이. 둥
지 높이가 바닥에서 60센티미터
정도밖에 안 되는데, 이렇게 낮
은 둥지는 주로 뱀이나 들고양이
의 표적이 되기도 한다. 이 둥지
는 다행히 뻐꾸기의 탁란 대상이
되진 않아서 새끼들이 무사히 어
미의 먹이를 받아먹는 중이다.

여름 철새인 깝짝도요 어미가 강
가의 풀 속에 둥지를 만들고 알
을 품고 있는 모습이다. 이렇게
땅바닥에 둥지를 만드는 새들은
대부분 의태행동을 한다. 주로
물새들이 그러는데, 산새들 중에
서는 땅바닥에 둥지를 만드는 쏙
독새가 의태행동을 한다. 그리
고 맹금류 중 덩치가 가장 큰 수
리부엉이도 땅바닥에서 새끼를
키우는데 이들 역시 의태행동을
한다.

경기도의 한 농가 정원에 있는
돼지풀 줄기에 만든 붉은머리오
목눈이의 둥지에 뻐꾸기가 탁란
을 했다. 뻐꾸기 새끼가 먼저 부
화해서 붉은머리오목눈이 알을
둥지 밖으로 밀어내고 있다. 뻐
꾸기 새끼는 이렇게 둥지 주인
인 붉은머리오목눈이의 알들을
모두 밀어내고 둥지를 독차지한
채 붉은머리오목눈이 어미의 보
살핌으로 자라난다. 뻐꾸기가 왜
자신의 새끼를 스스로 키우지
않고 남의 둥지에 알을 낳으며
대리모를 통해 자기 새끼를 길
러내는지 그 유전자가 궁금하기
만 하다.

여름 철새인 노랑할미새가 강가에서 먹이활동을 하는 모습이다. 이들 중 우리나라에서 번식한 개체는 겨울이 되면 인도, 동남아시아 등지에서 월동을 한다. 한편 이곳 백두산까지 올라와서 번식하는 개체는 과연 우리나라 남쪽에서 월동을 하는지, 아니면 더 멀리 동남아시아로 이동하는지 궁금하다.

교목인 위수나무는 우리나라에서는 보기 어려운 나무인 반면 이곳 백두산 자락 강가에는 고목의 위수나무가 즐비하게 숲을 이룬다. 호사비오리는 대부분 이런 고목의 위수나무 수공에 둥지를 트는데, 과연 우리나라에 이런 유의 고목에 수공이 있다고 해서 호사비오리가 번식하며 텃새로 자리 잡을지는 미지수다. 깨끗한 강가에 인공 둥지를 만들어놓으면 북상하지 않고 혹시 둥지로 사용하면서 텃새로 남을지 관심이 쏠린다.

호사비오리가 있는 강가 주변에
서 먹이활동을 하는 귀제비는 여
름에 찾아와 번식을 하고 겨울에
는 인도, 동남아시아나 중국 남
부에서 월동을 하는데, 이들은
과연 어디에서 올라온 개체인지
궁금하다.

귀제비의 묵은 둥지에 참새가 둥지를 틀었다. 구멍 속에 둥지를 만드는 참새의 습성 때문에 호리병 모양의 귀제비 둥지를 좋아하는 것 같다.

호사비오리가 알을 품고 있는 시기에 참새는 한창 둥지 속에 부드러운 재료를 물어 나르며 알 낳을 자리를 마련한다.

아직은 성숙하지 않은 암컷 한
마리가 둥지 입구에 날아들었는
데 둥지 속으로 들어가지는 않는
다. 입구에서 둥지 속을 살피기
도 하고 무어라 작은 소리를 내
기도 하지만 둥지 속에 있는 암
컷은 한 번도 대꾸하거나 쫓아낸
적이 없다.

이 어린 암컷은 30분에서 한 시
간 간격으로 둥지 입구로 날아드
는데 그 행동이 무엇을 의미하는
지 짐작하기 어렵다.

둥지 주인인 호사비오리 암컷이
모처럼 둥지 밖으로 고개를 내밀
고 주변을 경계한다. 둥지 속에
는 알이 있기 때문에 외출할 때
는 한참 동안 주변을 살피며 조
심하는 것이다.

둥지 입구에서 주변을 살피던 암
컷이 안심이 되었는지 둥지 밖으
로 날아 나간다. 둥지를 나간 이
녀석은 곧바로 멀리 날아가는 것
이 아니라 둥지가 있는 나무 위
를 한 바퀴 휘돌아 아무 위험이
없는지 살핀 뒤 사라진다. 둥지
에 들어올 때도 마찬가지로 둥지
가 있는 나무 위를 한 바퀴 돌며
주변을 정찰한 뒤 둥지 입구로
내려앉는 조심성을 보였다.

5_
인연

호사비오리의 번식 과정을 촬영하기 위해 2014년 백두산을 찾았을 때 예상과 달리 새끼들이 일찍 부화해 둥지를 떠났던 까닭에 원하던 촬영을 하지 못했다. 부화한 새끼들이 둥지에서 뛰어내리는 장면을 찍고 싶은데 헛걸음을 한 지 벌써 3년이나 되었다. 매번 실패하고 귀국하는 내 심정이 착잡했으리라 짐작한 사 사장은 헤어질 때마다 내년에는 꼭 보여주겠노라 다짐했기에 나는 포기하지 않고 봄이 되면 어김없이 그곳을 찾아갔다. 백두산 여정은 비용과 시간 면에서 결코 만만치 않은 것이었기에 내가 점점 조바심을 내비쳤던 것 같다. 그게 미안했던지 2015년 봄, 촬영에 실패하고 귀국할 때 사 사장이 내 손을 꼭 잡은 채 힘 있는 목소리로 내년에는 원하는 촬영에 차질 없도록 확실히 하겠다며 잡은 손에 몇 번이나 힘을 주었다.

그는 약속을 잊지 않고 2016년 4월 김룡을 통해 전화를 걸어왔다. 5월 27~28일, 부화할 것으로 추정한다고 했다. 곧바로 5월 25일 연길행 비행기 표를 예매했다. 매년 추정하는 날짜에 약간 앞서서 출국했듯이 이번에도 약속한 날짜보다 조금 앞서 백두산 여정에 올랐다.

사 사장은 중국인(한족)이다. 나와의 인연은 20년 전으로 거슬러 올라간다.

중국과 수교하고 3년 뒤인 1995년, 처음으로 풍경 사진을 찍으러 백두산에 올랐다. 중국으로 가는 것이니만큼 우선 통역이 필요했는데 백방으로 수소문한 끝에 심양에서 의사로 있는 김준이라는 조선족 동포를 소개받았다. 심양 비행장에서 그를 만나 국내선 비행기를 타고 백두산에서 제일 가까운 연길공항에 도착, 일반 버스를 타고 이도백하二道白河로 가는 주변 풍경은, 이국적 모습을 상상했던 내 기대와 달리 우리나라와 많이 닮아 있어서 신기하게 느껴졌다. 야트막한 야산 자락의 들녘에는 모내기를 마친 벼들이 바람에 흔들리고 들녘 중간중간에 농가들이 옹기종기한 모습과 제비들이 그 위를 무리 지어 나는 모습은 영락없는 우리 시골 풍경이었다. 다만 버스 밖으로 스치는 낯익은 농촌의 모습에서 하얀 벽으로 된 집들은 조선족 동포의 집이라는 김준의 설명이 인상 깊었다. 역시 백의민족답게 히얀색을 좋아해서일까? 그렇게 포장되지 않은 시골 길을 6시간 넘게 달렸는데도 지루하지 않은 게 참 이상할 정도였다. 김좌진 장군이 활동했다는 안도安图를 지나 항일 시인인 윤동주 선생의 묘소가 있는 용정龍井을 거치면서 드넓은 백두 평원에서 항일운동을 한 많은 독립투사가 마치 버스 앞을 달려가는 듯한 모습으로 그려졌다. 이 드넓은 타국에서 외로운 항일투쟁을 했다는 사실에 나도 모르게 울컥했다. 그분들의 여정을 따라가는 착각에 빠지는 것도 잠시, 화룡和龍을 지나면서 높은 산맥을 힘겹게 넘으니 멀리 하늘과 맞닿은 곳에 꿈에 그리던 백두산 자락이 한눈에 들어왔다. 처음 바라보는 백두산의 웅장한 기세는 잊을 수가 없다.

꼬불꼬불 험한 산맥을 두 봉우리 넘어 백두산 아래 첫 동네인 이도백하로 진입하는데 첫눈에 들어오는 것이 또 한글 간판이었다. 내 고향이 그곳에 있었다. 묘한 향수를 일깨우는 신선한 충격을 뒤로하고 백두산 입구에 도착해서 보게 된 울창한 숲이 진입로 주변

으로 하늘을 가리고 있는데, 곧게 뻗은 그 길은 마치 숲의 터널과
도 같은 짙은 인상을 풍겼다. 그 터널을 다 빠져나왔을까, 갑자기
길 위로 장백폭포를 좌우에서 감싸고 있는 철벽봉과 용문봉(물론
봉우리 이름은 나중에 알았다)의 골짜기에 하얀 눈을 선명하게 드리
운 산이 위엄 있게 우리를 내려다보고 있다. 마치 기다리고 있었다
는 듯 김준이 손가락으로 가리키며 소리친다. "저기 저기 백두산!"
버스가 달리는 속도만큼 점점 다가오는 백두산의 모습에 홀린 듯
눈을 뗄 수 없었다. 버스에서 내려 첫발을 딛는 백두산은 신록이
우거진 들녘의 5월이 아니었다. 찬바람이 휘몰아치는 한겨울이었다.
예상은 했지만 그 찬 기운에 주춤거렸다. 백두산을 만난다는 흥분
과 설렘도 잠시, 겨울 분위기에 당황했다. 정상으로 오르기 전 먼저
산 아래에 있는 숙소를 찾았다. 산 입구에서 장백폭포로 가는 길
을 따라 오르다가 '장백산장'이라는 반가운 한글 간판을 따라 들어
갔다. 이 산장은 지금 우리의 민박 수준으로 단층 건물인데, 샤워나
목욕은 숙소 한켠에 있는 대중 온천탕에서 할 수 있다. 숙소를 정
하고 산장 근처에 있는 소천지를 둘러본 뒤 조금 걸어 올라가서 장
백폭포를 구경하고 촬영도 했다. 그러다가 산 정상에 중국 정부가
운영하는 기상대를 봤다. 그런데 그곳에서 숙박이 가능하다는 이야
기를 듣고는 내 귀를 의심했다. 천지 가까이에 머물면서 원하는 시
간에 촬영할 수 있다는 게 꿈만 같았기 때문이다. 잠자리가 따뜻한
지, 먹거리는 괜찮은지 따져볼 겨를도 없이 곧바로 산을 오르기로
했다. 주차장이 있는 산 입구에서 입장료와 차비를 내면서 백두산
천지를 볼 수 있다는 설렘과 흥분을 안고 지프를 탔다.
　　백두산 정상으로 오르는 길은 왕복 2차로의 콘크리트 포장이 된
관광 도로인데, 꼬불꼬불 오르는 산길마다 바뀌는 풍광을 한순간

도 놓치지 않으려고 눈을 부릅떴던 기억이 여전히 새록새록하다. 아슬아슬 좁은 고갯길을 몇 구비 지나니 산길 주변에 늘어섰던 은 사시나무가 사라지고 끝없이 펼쳐진 평원이 나타났다. 그 사이사이 골짜기마다 늦은 봄임에도 아직 녹지 않고 쌓여 있는 하얀 눈이 신 기하기만 했다. 그러나 까마득히 내려다보이는 백두 평원은 아직 끝 이 보이지 않는다. 그 순간에도 백두산 풍경을 찍으러 온 것을 잠시 잊고 저 평원으로 말을 달렸던 독립투사들의 모습이 먼저 떠올랐 을까? 상념도 잠시다. 산을 굽이굽이 오를 때마다 차창에 부딪히는 바람 소리에 천지를 볼 수 있다는 설렘은 두려움과 걱정으로 바뀌 었다.

아니나 다를까, 정상 근처 기상대에 오르니 태풍 같은 바람 때문 에 정상에 올랐다는 감격을 느낄 새도 없이 고개를 숙인 채 바람에 떠밀려 숙소로 들어가기 바빴다. 덜렁거리는 엉성한 숙소 문짝이 바람을 견디지 못하고 삐거덕거린다. 따라 들어오는 바람을 막으려 고 문짝에 달려 있는 긴 끈을 줄다리기 시합 하듯이 잡아당겨 겨 우 문을 고정했다. 어두컴컴한 방으로 들어서자 맞은편 창문에는 강한 바람이 새 들어오는 것을 막으려고 누런 비닐로 덮어놓았고, 메케한 석탄 냄새가 방 안을 가득 메우고 있었다. 예상치 못한 열악 한 숙소를 보면서 당황하고 불안한 마음에 가방을 내려놓지도 못 한 채 엉거주춤하는데, 농구 선수만큼이나 키가 큰 중국인이 문을 벌컥 열고 들어와 환하게 웃는 얼굴로 악수를 청한다. 이곳 숙소를 관리하며 주방을 책임지고 있는 왕 서방이라고 자기를 소개한다. 꾸밈없이 웃는 왕 서방의 얼굴을 보며 순간 불안했던 마음이 조금 은 편안해졌다. 방은 마치 군대 내무반같이 여러 사람이 같이 사용 하는 온돌 구조로 되어 있다. 현관 바닥에서 80센티미터 높이의 방

1995년 처음으로 백두산으로 가는 길에서 만난 백두산 정상의 모습이다. 장백폭포 오른쪽으로 난 천지에 오르는 길이 보이는데, 지금은 바위가 굴러떨어지는 위험 때문에 관광객의 안전을 위해 이 길을 터널 형태로 만들었다.

초여름인 6월에 오른 백두산 아래쪽 모습이다. 자작나무 숲을 벗어나면 구름 사이로 백두 평원이 시원하게 펼쳐진다.

6월의 여름에도 백두산 자락에는 아직 골짜기마다 하얀 눈이 쌓인 채 녹지 않고 있다. 앞으로 2주일이 더 지나야 겨우 눈이 녹기 시작한다.

1995년 백두산 천문봉 정상에서 아래를 내려다보고 찍은 사진에서 보듯이 중국 정부에서 운영하는 기상대가 유일한 건물이었다. 평지붕의 단층으로 된 내부는 기상 관측을 하는 시설과 몇 개의 방으로 된 숙소가 전부였다. 건물 앞과 왼쪽에 보이는 시설들은 기상 관측에 필요한 기구들의 구조물이다.

바닥에는 구들이 놓여 있고 그 밑에 석탄을 때서 난방을 하고 있었다. 석탄이 타면서 내뿜는 연기와 냄새는 고스란히 방 안에 쌓였다. 사정없이 몰아치는 살을 에는 겨울바람 때문에 창문을 연다는 것은 상상도 할 수 없었다. 그렇다보니 연기와 냄새를 그대로 견디는 것이 가장 힘들었다. 모두들 콧구멍이 시커멓게 그슬렸다. 성난 파도라는 말에 어울릴 법한 바람이 계속 후려치는 걸 견디지 못하고 쉼 없이 덜컹거리던 그 문이 어느 순간 벌컥 열릴 때가 있다. 특히 잠을 자다가 문이 홀러덩 열리면 눈보라가 방 안 가득 쏟아지기도 했는데, 말 그대로 강풍과의 전쟁이었다.

출입문 맞은편에 있는 작은 창문으로는 중국 쪽에서 제일 높은 천문봉이 안개 사이로 희미하게 모습을 내비친다. 산에 올라 제일 먼저 보고 싶었던 백두산 전경과 천지를 보지 못한 채 피난하듯 숙소로 들어와서 창문 너머로 봉우리만 쳐다보는 심정은 정말 답답하고 초조했다. 꿈에서만 그리던 백두산을 가까이 두고 오르지 못하는 심정이 오죽했을까? 강한 바람과 안개 때문에 관광객들도 오르지 못하고 있다고 했다. 방 안에는 젊은이가 10여 명 모여 있었는데 대부분 조선족 동포이고 한족이 2명 있었다. 이 시기에는 백두산 관광객이 대부분 한국인이었다. 중국인 관광객은 극히 드물었기에 2명의 중국인도 역시 한국인 관광객을 상대했다. 그중 한 명인 20대 초반의 사 씨는 당시에는 한국인 관광객을 상대로 안내하거나 물건을 파는 점원이었다. 씨름 선수 같은 우람하고 단단한 체격에 스님처럼 말끔히 깎은 머리와 부처 같은 얼굴상을 하고 있어서 특히 기억에 남았다. 사 씨가 산 정상에서 길 안내도 하고 내 카메라 가방을 들어주기도 했다. 인상뿐 아니라 친근하게 대하는 게 믿음직스러워 마음에 들었는데 그 젊은이 역시 나를 신뢰하는 듯했다. 나중의 얘기지만 한국인 관광객 중에는 나처럼 산 사진을 찍는 이들이 종종 있는데, 산에 머물면서 사진을 찍을 동안 사 씨에게 선심성 약속을 했다가 막상 귀국할 때에는 아무도 그 약속을 지키는 사람이 없었다고 한다. 그것이 못내 서운했는데, 나를 만나고부터 한켠에 믿음이 생겼다고 했다. 그때부터 내가 매년 백두산을 오르면 사 씨는 나에게 친형제처럼 많은 편의를 제공하면서 지인들에게 한국에 있는 형이라고 소개해주었다. 그것이 고마워서 나 또한 그 젊은이를 동생처럼 도와주었다. 그런 인연으로 멀리 떨어져 있지만 서로 잊지 않고 마음을 준다는 것을 몇 해 걸러 새 사진을 찍으러 가는데도 변함없이 맞아주는 모습에서 느낄 수 있었다.

그렇게 알고 지내던 차, 10여 년이 지난 지금 그는 모두가 '로반(사장)'이라 부르는 어엿한 사업체의 사장이 되어 있다. 그 후로는 서로 부담 없이 매년 봄 백두산에서 호사비오리가 새끼를 키우는 모습을 보기 위해 사 사장을 찾아가게 되었다. 이렇듯 좋은 추억 속에 남아 있던 그가 이제는 백두산 정상에서 매점을 운영하고 있을 뿐 아니라 이도백하에 호텔과 팬션도 짓는 명실상부한 사업가로 성장했으니 정말 대견한 한편 격세지감을 느낀다. 더욱이 어마어마한 자비를 들여 천연기념물인 호사비오리를 보호, 관리하는 데 앞장서고 있다는 사실이 더 놀라울뿐더러 그에 못 미치는 우리 현실이 떠올라 씁쓸한 뒷맛을 남긴다.

2011년 호사비오리의 번식을 보러 왔다가 올랐던 백두산 천문봉 정상에서 아래쪽을 보고 찍은 전경이다. 앞에 보이는 목조 건물이 관광객을 위한 매점과 휴게실이고 가장 뒤에 있는 마름모꼴 형태의 건물이 기상대다. 주변으로 관광객의 안전을 위해 울타리가 설치된 모습도 보인다. 1995년과는 달리 관광지다운 면모를 갖추었다.

6_
백두산에서 만난 새들

새매

"잠깐. 차 좀 세워봐!"

이도백하 시내에서 아침 식사 후 김룡의 차를 타고 사 사장 집으로 가던 중 차를 세웠다. 시내를 막 벗어나서 한적한 길로 접어들었을 무렵이다. 길 양쪽으로 소나무 군락이 있어 혹시나 맹금류의 둥지가 있는지 확인하고 싶었다.

우리나라에서도 야생의 맹금류들이 번식하는 봄철이 되면 소나무나 낙엽송이 울창한 숲을 만날 때마다 꼭 그 속으로 들어가 확인하는 버릇이 있다. 2006년 지인의 도움으로 참매의 번식과정을

이도백하 시내에서 벗어나 보마촌으로 가는 길목에 있는 소나무 숲이다. 자연림이 아니고 인공 조림인데 소나무 밑동 굵기로 미루어 20~30년쯤 되어 보인다. 대형 맹금류가 둥지를 만들기에는 아직 작은 나무들이다.

기록하고 촬영한 것이 계기가 되어 생긴 습성이다.

　이도백하에 도착해서 사 사장 집으로 갈 때마다 그 소나무 숲이 궁금했는데 오늘은 사 사장과의 약속 시간보다 일찍 도착할 듯해 이 숲을 살펴보기로 작정했다. 김룡은 100킬로그램이 넘는 거구인 데다 숲에 들어가는 것을 싫어해서 차에 머물게 하고 나 혼자 숲으로 들어갔다. 물론 김룡과 연락할 수 있는 무전기를 허리춤에 꽂았다. 숲에는 사람이 다니던 오솔길이 있는데 최근에는 오가는 사람이 없었는지 풀이 자라서 그 길이 잘 보이지 않는다. 나무숲은 우리나라처럼 오르내리는 능선이 있는 산에 있는 게 아니고 거의 평지에 있다. 좌우에 높다란 소나무들이 울창한 가운데 그 사이에 난 좁은 오솔길에 웃자란 잡초들을 헤치고 발소리가 나지 않도록 조심소심 가다가 본격적으로 길이 없는 소나무 사이로 찾아 들어갔다. 매 둥지가 있을 만한 소나무 위쪽을 보느라 나무와 나무 사이에 걸쳐진 거미줄을 보지 못해 얼굴에 휘감기는데 그 느낌이 묘하게 싫다. 거미줄이 얼굴에 감기는 순간, 화들짝 손사래로 걷어내느라 발길을 멈추곤 했다. 파리보다 더 작은 새까만 날벌레는 눈앞에서 알짱거리면서 호시탐탐 내 눈동자 속으로 투신할 기회를 노린다. 잠시라도 방심했다가는 그 녀석이 기습 공격하듯이 눈동자 속으로 빨려든다. 들리는 말로 이 녀석은 동물이나 사람의 눈동자 속으로 투신해서 알을 낳는다고 한다. 그래서 더더욱 기겁을 하게 되는 것 같다. 그 벌레를 신경 쓰던 사이 또 다른 복병이 가는 길을 훼방 놓는다. 가시가 있는 넝쿨나무가 옷자락을 잡아당기고 살갗을 할퀴는 터라 조심할라치면 이제는 풀 속에 가려져 있는 웅덩이가 헛발을 내딛게 한다. 그 웅덩이를 조심하다보면 보이지 않던 모기가 소리 없이 목덜미에 달라붙어 일침을 놓는다. 평지의 숲길이지만 역시 만만치 않은 악전고투의 연속이다.

숲속에서 매 둥지를 찾기도 전에 온갖 방해꾼들과 사투를 벌이는 사이 온몸은 땀으로 범벅되고 하늘을 가린 소나무가 바람에 좌우로 흔들거리며 발걸음을 어지럽힌다. 숲은 지빠귀 종류의 새들이 가끔 지저귈 뿐 조용하지만 온갖 훼방꾼들 때문에 짜증 나고 귀찮기도 해서 이쯤에서 돌아갈까 망설이다가도 무엇에 홀린 듯 몸은 자꾸만 숲을 헤치던 차, 얼마쯤 들어갔던 걸까, 계곡 물소리가 들린다. 흐르는 물소리를 들으며 왼쪽으로 방향을 틀었다. 차도에서 꽤 먼 곳까지 온 것 같다. 조심조심 높은 소나무 사이사이의 내 키만한 작은 교목들을 헤치며 앞으로 나아갔다. 발걸음이 더디기만 하다. 잠시 땀을 닦으며 무심히 하늘을 올려다본 그때, 저 멀리 높은 소나무 가지 사이에 매 둥지가 언뜻 보였다. 가슴이 쿵쿵 뛴다. 매 둥지일까? 쌍안경을 들이댄다. 틀림없는 매 둥지다. 다만 참매일지 다른 매일지는 분간하기 어렵다. 거리는 30여 미터. 이곳에 숨어서 기다려보기로 한다. 최소한 두 시간이면 확인될 것이다. 매는 움직임이 뜸해 정확히 파악하려면 시간을 요한다. 매 둥지에는 가끔 거미줄이 쳐져 있어 묵은 둥지네 하고 어림짐작한 채 지나치다가 그 둥지 속에서 매가 툭 튀어 날아가는 것을 본 게 한두 번이 아니라 언제나 예단하는 것을 경계한다. 오늘도 그 둥지는 우리나라에서 보던 참매 둥지보다 작은 듯해 까마귀 둥지나 혹은 다른 매의 묵은 둥지인가 하고 생각했지만, 여유 시간이 좀 있으니 기다려보기로 했다.

커다란 소나무 밑동에 기대어 앉았다. 둥지는 조용하다. 그리고 숲이 평지인 까닭에 30여 미터 앞에 있는 커다란 소나무의 7~8미터 높이에 있는 둥지가 올려다보이기 때문에 둥지 속은 보이지 않았다. 둥지 주인의 움직임이 있을 때까지 가만있는 것이 최선이다. 빈 둥지 같은데 혹시 둥지에 매가 앉아 있다가 놀라면 일상적인 행동이 바뀔 뿐 아니라 경계가 심해져서 정상적인 생태를 관찰할 수 없게 된다. 김룡과 연결된 무전기의 잡음이 방해될까봐 전원도 꺼두었다. 그렇게 외부와의 연락이 끊기고 울창한 숲속에 혼자 앉아 작은 소리에 귀 기울이며 시간을 보낼 때면 나도 모르게 외로움이 밀려온다. 이상하게도 외로울 때에는 앞으로 할 일이 생각나지 않고 지나간 일이나 상념이 떠오른다는 것이다. 겨우 10분이 지났다. 시간만 확인하는 것이 멋쩍어서 해발 고도도 확인한다. 숲도 평지이고 마을 전체가 평탄해 보이는데 해발 800미터를 가리킨다. 대관령 정상의 해발과 맞먹는다. 역시 백두산 자락이라는 걸 실감한다. 가까운 곳에서 되지빠귀 흰 마리가 짝을 찾아 열심히 구애하는 아름다운 소리를 내고 있다. 단순한 소리가 아니라 일정한 멜로디를 가진 노래다. 잠시 귀 기울이면서 나도 언제 저렇게 사랑의 노래를 한 적이 있던가 하고 추억을 더듬어본다. 되지빠귀는 우리나라에서도 봄에 찾아와 새끼를 키우고 가을이면 남쪽으로 돌아가는 여름철새. 그 되지빠귀 덕택에 황량한 숲속에서 외로움을 잊었다. 다시 시계를 본다. 30분 정도 지났다. 누가 세월이 화살처럼 지나간다고 했던가. 지금 이 순간은 세월이 멈춘 것 같다. 기다린 시간이 아깝다. 뭔가 끝을 맺고 가야지 지금 포기하고 돌아가면 아무것도 못얻는다. 마음을 다잡고 있던 그때, 둥지 위로 소리 없이 매 한 마리가 훌쩍 내려앉는다.

"참매다!"

쌍안경으로 보지 않고 맨 눈으로 본 그 녀석은 분명 참매의 모습이었다.

다른 매라고는 미처 생각 못 하고 얄팍한 경험으로 속단했다. 나도 모르게 벌떡 일어났다. 둥지에 내려앉은 녀석은 둥지 속을 한참 내려다본다. 시퍼런 눈동자로 여기저기를 둘러본다. 눈이 마주치기 전에 얼른 나무 뒤로 몸을 숨겼다. 한참을 그렇게 경계하던 녀석이 뒤뚱뒤뚱 몸을 흔들며 둥지에 배를 깔고 알을 품는 동작을 한다. 가슴이 콩콩 뛴다. 백두산에 와서 처음 보는 맹금류 둥지의 임자를 본 것이다. 쌍안경으로 이 녀석을 더 자세히 살펴본다. 등 부분만 보이는데 분명 참매다. 포란하고 있는 자세로 미루어 어린 새끼를 품고 있다기보다는 알을 품고 있는 게 틀림없다. 이제 확인했으니 조용히 물러나면 된다. 더 이상 방해해서는 안 된다. 조용히 뒷걸음질 치며 그 자리에서 벗어났다. 알이 몇 개 있는지, 새끼가 부화한 것인지 궁금하지만 오늘은 여기까지다. 혼자서 쾌재를 부르며 스스로 위안한다. 그런데 여기서 큰 실수를 범했다. 지레짐작 참매라고 판단하고 물러났던 게 실수였다. 암컷 새매는 참매 어린 새와 몹시 닮아서 자칫하면 참매로 오인하기 십상이다. 좀더 침착하게 관찰하고 세밀히 판단해야 하는데 쥐꼬리만 한 경험만 믿었다. 경솔했다. 물론 나중에 확인한 바이지만, 이 녀석은 참매가 아니라 새매였던 것이다. 우리나라에서 그렇게 찾으려고 몇 년을 산으로 헤매고 다니던 그 새매 둥지를 참매로 착각했다. 어처구니가 없었다. 우리나라에서 참매를 10여 년간 관찰하고 촬영해 책으로도 펴냈던 터라 나는 내 경험을 과신했다. 처음부터 참매 둥지보다는 조금 작다는 것을 간과해버렸다. 둥지가 참매 둥지보다 작으니까 혹시 새매나 다른 맹금류가 아닐까 하고 의심했어야 하는데 깜빡 지나쳤다. 열흘간의 여정에서 새매 둥지만 관찰했어야 했다. 왜냐하면 여태껏 새매 번식을 한 번도 기록하지 못했기 때문이다. 우리나라에서도 찾지 못했

충남 천수만 들녘에 앉아 먹잇감
을 노리는 암컷 새매로, 멀리서 보
면 마치 참매 어린 녀석으로 착각
을 불러일으킬 만큼 닮았다.

천수만 강가에서 오리를 공격하
는 참매 어린 녀석으로 깃털 무늬
가 새매 암컷과 비슷하게 생겼다.

백두산 북쪽에 자리 잡고 있는 보마촌의 전경으로, 초등학교도 있는 비교적 작지 않은 마을이다. 주로 밭 농작물을 경작하며 생계를 유지한다.

사 사장의 집 마당에 있는 그늘집에 올라서면 남쪽 먼 지평선에 우뚝 솟은 백두산이 보인다.

맑은 날이면 백두 평원 위로 백두영봉이 선명하게 보이는데 골짜기가 바로 장백폭포가 있는 계곡이다.

던 새매 둥지를 백두산에서 찾았는데 이걸 놓치다니. 숲속을 벗어나 도로로 나오자 김룡이 걱정스런 얼굴로 말을 건넨다.

"무전기를 끄셨어요? 연락이 안 돼서 걱정했잖아요!"

그도 그럴 것이 혼자 숲속으로 들어간 지 한 시간이 지나도록 연락이 없고 무전기까지 꺼져 있으니 걱정하는 마음은 당연했다.

"응, 매 둥지 하나 찾았어. 그런데 둥지가 높아서 알을 품고 있는지 새끼를 품고 있는지 확인은 못 했어."

대수롭지 않다는 듯 말했지만 김룡은 반가운 기색을 띠며 화들짝 놀란다.

시간이 되면 사 사장에게 둥지 위치를 알려주기로 하고 차를 몰아 사 사장 집으로 갔다. 김룡이 먼저 집으로 들어가서 사 사장에게 마치 자기가 그 사실을 발견한 양 알려준다. 사 사장도 관심을 보인다. 나는 이때까지도 우리나라에서 흔히 촬영했던 참매 둥지로 알고 시큰둥한 반응으로 알려주었다. 다만 백두산에서 번식하는 참매에 대해서 우리나라와 다른 점이 있을까 하고 며칠 촬영하겠다고 말했다. 사 사장에게 맡겨놓은 내 위장텐트를 김룡의 차에 실었다. 예전에 산 사진을 찍을 때 카메라를 맡겨놓고 귀국했듯이 지난해 귀국할 때 맡겨두었던 위장텐트다. 사 사장의 집은 이도백하 시내에서 6~7킬로미터쯤 벗어나 송화강 강줄기가 흐르는 보마촌이라는 동네 어귀에 있다. 날이 맑을 때 그 집 마당에서 남쪽을 바라보면 하늘과 맞닿은 곳에 백두산 봉우리가 우람한 근육을 자랑하는 거인의 모습처럼 누워 있다.

이곳에서 번식하며 살아가는 새들을 찾아왔지만 백두산 정상을 바라보는 감회는 언제나 새롭다. 물론 백두산에서 30여 킬로미터 떨어진 북쪽에서 바라보기 때문에 천지 건너편에 있는 북한 쪽의 장군봉은 보이지 않고 중국 쪽에 있는 천문봉과 용문봉 자락이 보일 뿐이지만, 그것만으로도 민족의 혼이 내 가슴속에 자리 잡는 게 느껴진다. 언제나 그렇듯 오늘도 백두산 정상의 모습을 아련한 옛 연인을 떠올리듯 망연히 바라본다. 깊은 곳에서 나도 모르게 한숨이 새어나오는 것을 숨기지 못한다. 형님이 모시고 계신 연로하신 어머니를 생각할 때마다 나오는 그런 한숨과 닮아 있다.

수리부엉이

상념에 젖어 있던 차, 사 사장이 찾는다는 이야기를 김룡이 전해온다. 호사비오리의 알이 부화하는 예정 날짜 계산에 착오가 있는 것 같다며 2~3일 내로는 부화가 안 될 듯하니 오늘은 보마촌 주변에서 번식하는 새를 찾아보는 게 어떻겠냐고 묻는다. 나 역시 백두산 자락에 사는 새들을 관찰할 기회를 엿보고 있었기에 흔쾌히 응했다. 이에 김룡을 대동하고 마을로 내려가면서 새들의 움직임을 관찰하기 시작했다. 5월 말, 바람이 소소히 불긴 하나 햇볕이 제법 뜨겁게 내리쬐며 덥다는 느낌을 준다. 마을 하늘에는 제비들이 벌레를 잡느라 분주하고 참새들은 처마 밑에 집을 짓느라 한창 들고나며 어지럽다. 송화강 줄기의 강바닥으로 내려서니 꼬마물떼새가 경계한다. 자갈밭에 둥지를 만들었을까? 깜짝도요 한 쌍도 쪼르르 앞다투어 멀리 날아간다. 사 사장 집은 송화강 지류가 흐르는 개울가 절벽 위에 있다. 마당 옆으로 높은 수직 절벽이 있어 주로 수리부엉이나 맹금류가 둥지로 이용하는 바위 틈새가 있을지 모른다는 생각에 쌍안경으로 절벽을 훑는다. 절벽 중간에 작은 난간처럼 생긴 틈새에 바위와는 다른 형태의 무언가가 눈길을

우리나라에서도 봄이 되면 강가에서 쉽게 볼 수 있는 꼬마물떼새가 포란 중이다. 이곳 백두산까지 찾아온 이 녀석도 고향이 백두산일 것으로 짐작된다.

강물이 휘돌면서 오랜 시간 침식된 영향으로 절벽이 생겼는데 이 절벽 위 사 사장의 집은 숲 뒤에 있어 보이지 않고, 우측으로 정자처럼 만든 그늘 집이 보인다. 집 아래쪽 절벽에 수리부엉이 둥지가 있다.

끈다. 천천히 움직이던 쌍안경을 한곳에 멈추고 자세히 살펴보니 바위 색깔과는 다른 짙은 갈색 덩어리 하나가 눈길을 끈다.

"수리부엉이 어린 녀석이네."

직감이 통한 듯해서 약간 흥분된다. 어미 곁을 살짝 벗어난 곳에서 바위처럼 꼼짝 않고 서 있다. 호기심 많을 때의 어린 녀석이라 역시 개울에서 왔다 갔다 하는 나를 뚫어져라 살피던 중일 것이다. 그 옆에는 어미가 무심하게 지그시 눈을 감고 엎드려 있다.

개울 바닥으로부터 2층 높이는 될 법한 절벽 상부 쪽에 수리부엉이 둥지가 있다. 백두산 자락에서 수리부엉이를 만나다니 뜻밖이다. 다만 어린 부엉이가 어미만 하게 다 자라서 둥지를 떠날 시기이므로 어미가 새끼를 돌보며 먹이를 주는 육추育雛 모습을 촬영할 기회가 없다는 게 아쉬울 뿐이다. 저 어린 녀석도 어미가 누워 있는 둥지에서 이미 한발 벗어나 따로 앉아 있다. 이 시기에는 가까운 거리를 날아갈 정도로 날갯짓도 왕성할 뿐 아니라 둥지 주변을 폴짝

수리부엉이 새끼가 어미 곁을 살짝 벗어난 곳에 자리를 잡고 앉아 둥지 아래쪽 개울 바닥에 나타난 사람을 경계하는 눈빛으로 꼼짝 않고 쳐다본다. 이미 둥지를 떠날 만큼 다 자란 모습이다.

수리부엉이 어미가 알을 낳고 새끼를 키운 원래의 둥지에 비스듬히 앉아 역시 실눈을 뜨고 경계하는 눈빛으로 아래를 쳐다본다. 새끼보다는 한결 느긋한 자세다. 수리부엉이 어미의 모습이 주변의 색깔과 비슷하기 때문에 먼 곳에서 육안으로 발견하기란 쉽지 않다.

충남 서산 부근의 야산에서 포란 중인 수리부엉이 어미의 모습. 백두산의 개체와 똑같은 개체다. 다만 기온 때문에 백두산 수리부엉이보다 한 달가량 번식이 빠를 뿐이다.

거리며 한시도 얌전히 있지 못하는 행동이 마치 개구쟁이 아이들과 흡사하다. 주로 밤에 활동을 하는 녀석이라서 한낮에는 거의 꼼짝을 않는다. 우리나라에서는 전국에 걸쳐 살아가는 텃새다. 야행성 맹금류 중에서 덩치가 가장 큰 이 녀석은 주로 토끼, 꿩, 쥐, 오리들을 사냥해서 새끼를 키우는데, 예부터 수리부엉이 둥지 하나 찾으면 고기 반찬을 걱정하지 않는다고 했다. 둥지에 있는 새끼들은 암컷이 밤낮으로 돌보면서 먹이고 사냥은 주로 수컷이 한다. 그러니까 수컷이 잡아온 먹잇감을 암컷이 받아서 새끼에게 먹이고 남는 것은 둥지 한쪽에 저장하는 버릇이 있다. 옛사람들이 이런 수리부엉이의 버릇을 알고 있었기 때문에 "부엉이 곳간 같다"라는 말이 시골에서는 여태 전해 내려오고 있다.

백두산 자락에서 찾은 두 번째 둥지가 천연기념물 제324호인 밤의 제왕 수리부엉이가 될 줄은 짐작도 못 했다. 깃털의 색깔이나 모양새로 미루어 남한의 수리부엉이와 똑같은 개체로 짐작된다. 사 사장은 자기가 살고 있는 집 바로 밑에 있는 절벽에 희귀종인 수리부엉이 둥지가 있었다는 걸 몰랐을까? 나중의 이야기지만 사 사장은 밤마다 수리부엉이 울음소리를 들었다고 한다. 다만 자기 집 바로 아래 절벽에 둥지가 있으리라고는 까맣게 몰랐단다. 환경의 조건에 따라 어떤 새가 그곳에 번식하는지 모른다면 무심한 태도는 당연할 것이다. 그 수리부엉이 둥지가 있는 절벽 바로 아래 개울가는 주민들이 가끔 모여 물놀이하는 장소라고 한다. 그러니까 수리부엉이는 낮에는 물가에서 놀고 있는 주민들의 모습을 둥지에서 내려다보면서도 그곳에 둥지를 만들었다는 결론이다. 우리나라의 수리부엉이 둥지도 마을이 내려다보이는 절벽에 있곤 하다. 아마도 수리부엉이의 먹잇감이 되는 설치류나 야생 오리들이 마을 가까이에 서식

수리부엉이는 맹금류 중에서 덩치가 제일 큰 녀석이지만 둥지가 땅바닥에 있기 때문인지 둥지 근처에 접근하자 밖으로 날아 나와 한쪽 날개를 다친 척하며 의태행동을 하고 있다.

수리부엉이 둥지가 왼쪽 절벽 중간쯤에 있고 그 위로 사 사장의 집이 있다. 이렇게 가까이서 매년 수리부엉이가 새끼를 키웠지만 그동안 누구도 관심을 기울이지 않았다고 한다.

강원도 야산에서 이제 막 부화한 새끼를 품고 있는 수리부엉이 어미. 이곳은 근처에 인가가 없는 깊은 산속이다.

경기도의 조그만 야산을 채석하고 방치된 절벽 중간에 둥지를 튼 수리부엉이가 새끼를 돌보고 있다. 이 둥지 바로 정면에 있는 포장도로 건너편에는 고층 아파트가 즐비하다. 아파트 발코니에서 수리부엉이 둥지가 있는 절벽이 빤히 보인다.

하기 때문에 그곳에 둥지를 만드는 것으로 짐작된다. 물론 마을이 없는 깊은 산속 절벽에도 수리부엉이 둥지가 있다. 서로의 영역 다툼에서 밀린 약한 개체가 아닌가 여겨진다. 우리나라에서는 텃새로 살고 있는 수리부엉이가 백두산 자락에서도 텃새로 살아가는지 궁금하기만 하다. 왜냐하면 한겨울 혹한의 백두산에서 과연 먹잇감을 확보할 수 있을지는 도무지 가늠이 안 되기 때문이다. 수리부엉이 둥지가 있는 절벽에서 불과 200~300미터 떨어진 상류 쪽 개울에는 호사비오리 어미가 새끼들을 데리고 먹이활동을 하는 곳이 있다는데 혹시 수리부엉이가 이 어린 호사비오리를 사냥하지나 않을까 살짝 걱정되기도 한다.

물까치

과연 사 사장이 깜깜한 밤에 수리부엉이의 육추 모습을 아무 탈 없이 촬영할 수 있을지 궁금하기도 하고 처음 시도하는 야간 촬영에서 지켜야 할 야생동물에 대한 배려를 어떻게 설명할까 고심하기도 하면서 개울 하류 쪽으로 발길을 돌렸다. 특히 야간 촬영에는 조명을 사용하는 특수 조건 때문에 행여 수리부엉이의 육추에 방해가 될까봐 늘 노심초사했던 기억이 있다. 야생의 둥지 촬영은 욕심을 너무 앞세우면 안 된다. 적당한 선에서 양보하는 것을 사 사장이 납득할 수 있을지 고민이다. 민감한 문제로 발길이 무거워 미처 앞을 살피지 못하고 걷는데 귀제비들이 개울가에 둥지 재료인 진흙을 물어가기 위해 내려앉았다가 나를 피해 일제히 날아오른다.

우리나라에서는 요즈음 귀제비를 만나는 게 점점 더 어려워지는데 여기는 제비보다 귀제비가 훨씬 더 많은 것 같다. 개울을 따라 마을 사람들이 다니는 오솔길 가에 병풍처럼 죽 늘어선 버드나무 중간에서 물까치 한 마리가 툭 튀어 날아가며 경계한다. 둥지가 있나? 그 나무로 살며시 다가가 위를 살폈다. 평소처럼 직감으로 이 근처에 둥지가 있으리라 짐작했는데 아무리 위를 살펴도 보이지 않는다. 우리나라에서는 물까치 둥지가 보통 2미터 이상 되는 높이에 있기 때문에 여기서도 그럴 거라 여겼는데 참 이상하다.

물까치는 둥지를 지을 때 특별히 나무 종류를 가리지 않는 것으로 알고 있다. 천적으로부터 둥지가 잘 보이지 않는 곳이면 어떤 나무든 선택한다고 보면 된다. 우리나라에서는 소나무, 아카시아, 버

5월 말경 이도백하 보마촌 주변 비포장도로의 웅덩이에 고인 물 주변에 있는 진흙을 물어 집을 짓는 귀제비들의 모습이다.

귀제비 한 쌍이 집짓기에 한창이
다. 우리나라에는 제비가 많고, 귀
제비는 특정 지역에서 겨우 찾아
볼 수 있다.

앞가슴과 배에 귀제비와는 달리
줄무늬가 없는 하얀 제비의 모습.
이도백하 보마촌에는 우리나라에
서와는 반대로 제비가 귀하다.

드나무, 산벚나무, 감나무, 대나무 등에서 둥지를 관찰한 적이 있다. 이 나무 저 나무 다 둘러봐도 둥지 같은 것을 찾지 못해 돌아서려는데 땅바닥 부근에서 무언가 움직임이 느껴졌다. 뭐지? 무심코 돌아본 곳에 거짓말처럼 둥지가 보인다. 눈으로 확인하고도 이것이 과연 야생의 둥지인가 하고 믿기질 않는다. 땅바닥에서 두 뼘 높이에 있는 작은 둥지에 새끼들이 넘쳐나듯 가득 모여 있는 게 아닌가. 처음에는 내 눈을 의심했다. 자세히 보니 아직 깃털이 나지 않은 새끼들이다. 밥그릇 같은 작은 둥지에 서로의 몸을 기대고 있던 녀석들이 이상한 발소리에 겁먹어 바짝 엎드린 채 숨만 헐떡거리고 있다. 이렇게 낮은 둥지는 우리나라에서 한 번도 본 적이 없다. 둥지 옆으로는 조그만 텃밭이 있고 밭 건너편에는 마을을 이루고 있는 단층집들이 올망졸망 맞대어 있다. 분명 밭일도 하고 집 안에서 인기척도 있을 텐데 이런 곳에 둥지를 만들다니! 아무리 봐도 못 믿겠다. 근처에 개나 고양이도 없단 말인가?

둥지의 새끼들은 사람 발소리에 본능적으로 납작 엎드려 꼼짝도 않는다. 어미에게 미안하고 새끼들에게 미안하다. 둥지를 찾을 때마다 느끼는 심정이다. 얼른 자리를 피해 멀찍이 물러났다. 그렇게 떨어져 둥지를 지켜본 지 5분도 채 되지 않아 나를 보고 몸을 피했던 어미가 금방 둥지로 날아드는 게 보인다. 안심이다. 혹시 나 때문에 어미가 둥지에 들어오지 않고 새끼들을 포기하나 않을까 걱정되어 지켜본 것이다. 이곳 보마촌 마을 사람들은 새 둥지를 훼손하지 않는다는 사 사장의 말이 생각났다. 부디 다른 야생의 천적에게 들키지 않고 무사히 새끼들을 잘 키워내기를 바라면서도 둥지 위치가 허술한 곳에 있어서 걱정이 앞선다. 물까치는 우리나라에서도 흔히 보는 텃새다. 이들은 까치처럼 천적으로부터 공격당하면 서로

충남 지역의 농가 근처 감나무에 둥지를 만들고 새끼를 키우는 물까치다. 둥지 높이가 3미터 정도로 비교적 높다. 근처에는 물까치 새끼를 약탈하는 까치 둥지도 있고 어치도 심심찮게 나타난다.

북한강이 가까이에서 흐르는 강원도의 작은 마을. 가로수인 은행나무에 만든 물까치 둥지다. 이 둥지도 높이가 3미터를 넘는다.

백두산 보마촌의 농가 울타리로 심어놓은 나무 밑동에 땅바닥에서 불과 40~50센티미터 높이에 둥지를 만든 물까치. 우리나라 물까치와 같은 개체이지만 환경에 따라 둥지의 위치는 많이 다른 것 같다.

물까치 무리가 자기보다 덩치가 훨씬 큰 까치를 피하지 않고 시위하듯 몰려 앉아 있다. 까치도 이들의 집단행동에 대항하지 않고 피할 정도다.

에게 위험을 알리고 집단으로 협동 방어를 한다. 맹금류에게 집단 으로 달려드는 까치마저 이 물까치들의 협동 공격에 속수무책으로 쫓겨나기도 한다. 어떤 지역에서는 이웃해서 둥지를 만들고 서로에 게 의지하며 새끼를 키우기도 한다. 백두산 자락인 이곳 보마촌에 서는 주변에 물까치가 제법 많이 보이는데, 집단 번식 형태는 아니 고 서로에게 일정한 거리를 유지한 곳에 둥지를 지은 일반적인 번 식 형태다.

그렇게 세 번째로 찾은 둥지는 물까치 둥지였다.

꾀꼬리

다시 개울을 따라 천천히 걸어 내려가면서 주변에 새들의 움직임 이 있는지 촉각을 곤두세운다. 개울 건너편 물가에는 높이 3미터쯤 되는 작은 절벽이 병풍처럼 펼쳐져 있고 그 위에 활엽수들이 절벽 을 따라 울창하게 늘어선 숲이 있는데 그 한가운데쯤에서 꾀꼬리 한 쌍이 앞서거니 뒤서거니 하며 날아 나간다. 푸른 나뭇잎을 배경 으로 샛노란 꾀꼬리의 모습이 육안으로도 잘 보인다. 옳지! 그러고 보니 꾀꼬리 둥지를 만들기에 적합한 장소인 듯싶다. 꾀꼬리는 수 평으로 늘어진 활엽수 가지에 둥지 짓기를 좋아하는데 쌍안경으로 훑어본 모습이 딱 그렇다. 둥지를 찾을 때마다 가지고 다니는 작은 접이식 의자를 펼치고 앉았다. 둥지를 찾는다며 이리저리 헤매지 않고 차분히 한자리에서 기다리기로 했다. 새들은 사람이 움직이면 이를 경계하면서 속임수도 쓰기 때문에 오히려 둥지 찾기가 더 힘 들어진다. 반면 사람이 움직이지 않고 조용히 앉아 있으면 새들은 경계하지 않고 둥지에 드나든다. 그럴 때 새들이 날아드는 곳으로 찾아가서 둥지를 발견하게 된다. 또한 새들이 날아드는 모습을 보면

여름 철새인 꾀꼬리가 둥지를 만들기 위해 선택하는 나무는 주로 활엽수다. 샛노란 깃털 색과 푸른 나뭇잎 색깔이 대조돼 천적의 눈에 잘 띨 텐데도 불구하고 활엽수의 푸른 나뭇잎 사이에 둥지를 트는 게 조금 위험해 보이기도 한다.

새가 둥지를 만들고 있는지, 알을 품고 있는지, 새끼를 기르고 있는지 가늠할 수 있다. 즉 둥지 재료를 물고 있는지, 먹이를 물고 있는지, 수컷만 드나드는지, 암수 모두가 드나드는지를 꼼꼼히 관찰하면 그 둥지가 지금 어떤 상황인지 짐작할 수 있다.

멀리 사라졌던 꾀꼬리가 처음 봤던 같은 장소로 다시 날아왔다. 또 한 마리가 뒤를 따라왔다. 그리고는 다시 날아 나간다. 뒤따라왔던 녀석이 앞서간 녀석을 쪼르르 따라간다. 나와의 거리가 좀 멀어서 꾀꼬리가 무엇을 물고 있는지 잘 보이지는 않지만 행동으로 미루어 둥지를 짓고 있는 게 분명하다. 확실히 하려고 한 번 더 기다리기로 했다. 20여 분 뒤 또 같은 장소로 두 마리가 날아왔다. 조금 전과 같이 한 마리가 나뭇가지 사이로 들어가고 다른 한 마리는 근처 높은 나무 꼭대기에 앉아서 주변을 두리번거리며 경계한다. 이들은 철저하게 분업을 하는 중이다. 잠시 후 나뭇가지 사이로 들어갔던 녀석이 날아 나가자 높은 나뭇가지 위에 앉아 있던 녀석이 황급히 뒤를 따른다. 둥지를 짓고 있는 게 분명해졌다. 나뭇가지 사이로 들어간 위치를 쌍안경으로 확인하고 그 나무의 생김새를 기억했다. 그리고 개울을 건너 절벽이 끝나는 곳 근처 비탈면을 따라 절벽 위로 올랐다.

꾀꼬리가 드나들던 그 나무들은 절벽을 따라 작은 숲을 이루며 길게 이어졌고 그 나무 뒤로는 넓은 밭이 있었다. 밭 사이로 난 길을 따라 조금 전에 꾀꼬리가 드나들던 나무가 있는 곳까지 찾아 올라갔다. 아래쪽에서 기억했던 나무와 절벽 위로 올라와서 본 나무의 형태가 다른 듯해 당황스럽다. 꾀꼬리가 드나들던 나무를 찾는다고 오르락내리락했지만 헷갈려서 도저히 분간할 수 없다. 그래서 다시 개울로 내려서서 조금 전 의자에 앉아 관찰했던 곳으로 돌아왔다. 그리고 올라서서 봤던 느낌과의 차이를 계산했다. 나뭇가지의 형상을 기억하고 다시 올랐다. 그사이에 꾀꼬리가 또 다녀갔는데 우연히도 나와의 거리가 눈으로 확인 가능할 만큼 가까웠다. 덕분에 꾀꼬리가 드나들던 그 나무의 위치에 대해 더 확실한 감을 잡았다.

아니나 다를까, 참나무와 비슷하게 생긴 나뭇가지가 절벽 밑 개울가로 길게 늘어져 있는데 그 가지 끝에 내 주먹만 한 둥지가 대롱대롱 매달려 있었다. 얼른 쌍안경으로 자세히 확인했다. 이제 막 새롭게 짓고 있는 깔끔한 둥지다. "찾았다!" 언제나 그렇듯 어려운 숙제를 풀고 난 뒤의 성취감으로 인해 회심의 미소가 절로 번진다. 어렵게 찾은 둥지가 확실하다는 순간의 느낌은 마치 낯선 공항의 입국장에서 수많은 인파 중 마중 나온 이의 웃는 얼굴을 발견했을 때의 기쁨에 버금간다. 둥지는 이제 거의 다 완성되어 겉으로 보기에는 모습이 갖춰졌다. 개울 쪽으로 늘어진 Y자로 된 나뭇가지에 마른 풀줄기와 넓적한 마른 풀잎으로 정교하게 엮었는데 마치 숙련된 사람이 만든 복조리처럼 정말 예쁘다. 새의 둥지를 볼 때마다 그 정교함에 감탄하는데, 사람처럼 두 손으로 만드는 것도 아니고 부리 하나로 어쩌면 저리 섬세하게 만드는지 믿기지 않을 정도다. 이 한 쌍의 꾀꼬리도 외형을 완성하고 지금은 둥지 속 바닥에 알을 낳을 자리를 푹신하게 만들고자 마무리 작업에 분주한 것 같다. 둥지가 매달린 나뭇가지가 개울 쪽으로 늘어져 있기 때문에 다행히 그리 높지 않다. 위장텐트를 설치하고 촬영하기에 이보다 더 좋을 수는 없다.

둥지 위치를 정확히 파악했으니 꾀꼬리에게 내가 둥지 근처에 있었다는 것을 들키지 않으려면 이들이 돌아오기 전에 얼른 자리를

꾀꼬리 둥지에 새끼가 막 부화하고 있다. 위쪽으로 훤히 드러나 천적의 공격을 쉽게 당할 것 같지만 꾀꼬리 둥지가 나뭇가지 끝부분에 있기 때문에 덩치 큰 천적이 여기에 내려앉기 힘들 거라는 점을 역이용하는 것으로 보인다.

자귀나무 가지 끝에 마른 풀줄기로 둥지를 엮었는데 마치 공처럼 둥근 모양으로 정교하게 만들었다.

피해야
한다. 꾀꼬리와 마
주치면 혹시 둥지를 포기할
지도 모른다. 모든 새가 둥지를
만들 때 천적에게 들켰다 싶으면 그 둥
지를 포기하는 일이 비일비재하기 때문이다.
특히 꾀꼬리는 예쁜 겉모습과 달리 매우 공격적인
성질을 지니고 있다. 둥지 근처에 다른 새나 사람이 나타나
면 요란한 경계 소리를 내는데 마치 돼지 멱따는 소리 같다. 짝
을 유혹할 때 내는 아름다운 목소리를 듣다가 이 경계 소리를 들
으면 정이 뚝 떨어질 정도다. 거친 목소리를 낼 뿐 아니라 공격까지
감행하는데, 둥지 근처에 까치나 비둘기, 심지어 매가 나타나도 공
격한다. 용맹스런 공격성에 꾀꼬리보다 덩치가 훨씬 큰 이들이 황급
히 도망가는 모습을 종종 볼 수 있다. 이렇게 자기보다 더 큰 천적
을 심하게 공격하는 것을 '의공격疑攻擊'이라고 한다. 가령 작은 물새
들이 탁 트인 자갈밭에서 알을 품거나 아직 날지 못하는 새끼들을
보살필 때 삵, 너구리, 길고양이, 그리고 사람이 근처에 나타나면
어미가 다친 척 비틀거리면서 스스로 공격하기 좋은 미끼 역할을
하며 천적들을 알이나 새끼로부터 먼 곳으로 유인하는 의태 행동
을 하는 것과 유사하다. 그러니까 꾀꼬리가 공격을 하는 것은 공
중에서 의태 행동을 할 수 없기 때문에 이로써 대신하는 것과 같

둥지를 막 벗어난 어린 꾀꼬리가
주변의 나뭇가지에서 어미가 먹
이를 가지고 오기를 기다리고 있
다. 새끼들이 뿔뿔이 흩어져서 있
을 때는 헬퍼가 어미를 도와주기
도 한다.

다. 그런 까닭에 때로는 공격하던 어미가 매에게 잡아먹히는 사례도 있다고 한다.

또한 가족 간의 유대가 강해서 작년에 태어난 어린 꾀꼬리가 어미를 도와 올해 태어나는 동생들에게 먹이도 잡아 먹이는 이런 역할을 생태 분야에서는 '헬퍼helper'라고 한다.

꾀꼬리 둥지를 뒤로하고 서둘러 물러나면서 번식 시기가 어쩌면 저렇게 우리나라와 똑같을까 하고 신기하게 여겨졌다. 이곳으로 출국하기 며칠 전 충청도에서 꾀꼬리가 둥지를 한창 짓고 있는 것을

강가 자갈밭에 꼬마물떼새가 알을 낳고 포란 중에 사람이 접근하자 알은 그대로 둔 채 날개를 다친 척하며 둥지 밖으로 멀리 날아갔다. 알 모양은 주변의 자갈과 흡사한 위장 색을 띠고 있어 가까이에서 보지 않으면 발견하기 쉽지 않다.

강원도의 이 꾀꼬리는 6월 중순에 이미 새끼들이 부화해서 어미들이 새끼들을 먹이느라 분주하지만 백두산의 꾀꼬리는 이 시기에 한창 포란을 하고 있다. 백두산의 꾀꼬리는 타이완이나 동남아시아에서 온 녀석들일까, 아니면 중국 동부에서 올라온 것일까?

어렵사리 발견했는데, 그렇다면 한반도의 최북단인 백두산과 중부지방의 번식 시기가 거의 같다는 게 우연은 아닐 터이다. 역시 백두산은 누가 뭐래도 자연생태적으로도 한반도임을 확실히 보여준다. 백두산 자락의 네 번째 둥지는 여름 철새인 꾀꼬리였다.

노랑때까치

이곳 이도백하에서는 마을 근처나 강가, 숲속을 막론하고 우리나라에서 흔히 보는 때까치처럼 노랑때까치를 어렵지 않게 볼 수 있다. 때까치보다 덩치가 큰 녀석이지만 습성은 때까치와 매우 닮아 있다.

꾀꼬리 둥지가 있는 숲에서 내려와 또 개울을 따라 하류 쪽으로 천천히 걷기 시작했다. 꾀꼬리 둥지가 있는 곳으로부터 100미터쯤 걸어 내려왔을까? 노랑때까치 한 마리가 나뭇잎이 우거진 버드나무에서 황급히 날아 나간다. 내 발소리에 놀란 녀석이 움직이지 않았다면 나도 관심을 기울이지 않았을 텐데. 그 나뭇잎 속에 둥지가 있을 것만 같은 확신이 든다. 좌우로 나뭇잎 틈새를 찾아 자세히 훑어보기 시작했다. 역시 나뭇잎이 우거진 사이로 둥지가 설핏 보인다. 2미터가 채 안 되는 높이다. 까치발을 하고 살며시 들여다보니 알 세 개가 가지런히 들어 있다. 그동안 봐온 둥지의 알이 모두 다섯 개 아니면 일곱 개였으니까 종합해보면 아직은 산란 중인 것 같다. 숲속도 아니고 개울을 따라 길게 늘어선 버드나무에서 둥지를 찾았으니 참 어렵잖게 다섯 번째로 노랑때까치 둥지를 발견한 셈이다. 2년 전쯤 호텔 경내에서 찾은 노랑때까치가 생각난다. 이곳에서는 호텔뿐 아니라 개울이나 민가 근처에서도 노랑때까치를 자주 볼 수 있다. 마치 우리나라에서 흔히 접하는 때까치를 보듯 말이다. 한편 우리나라에서는 이 노랑때까

치가 번식하는 것을 관찰하기 무척 힘
들다. 번식보다는 주로 겨울을 나기
위해 겨울 철새로 이따금 찾아들
뿐이다. 우리나라에서 텃새로 살
아가는 때까치는 주로 개구리, 곤
충, 쥐, 그리고 작은 새들을 먹이로
한다. 참새처럼 작은 새들은 이 때까치가

노랑때까치 알은 때까치와 비슷
하게 흰색 바탕에 옅은 갈색 반점
이 있다.

나타나면 경계를 하며 도망가기에 바쁘다. 그들도 이 노랑때까치가
자신들의 천적임을 본능적으로 알고 있는 것이다. 대부분의 때까치
가 그렇듯이 잡은 먹잇감을 뾰족한 나뭇가지 끝이나 나무 가시에
꽂아놓고 뜯어 먹는데, 이는 먹잇감을 맹금류처럼 발가락으로 움
켜쥐고 잘게 뜯지 못하기 때문으로 보인다. 먹다 남은 먹잇감은 그
렇게 나뭇가지에 걸어두는데, 겨울철에는 특히 이처럼 먹잇감을 저
장하듯이 걸어두었다가 먹는 습관이 있다. 그래서 때까치류를 작은
맹금류라고 하는 이들도 있다.

개울가에서 빨래하던 마을 아주머니가 자꾸만 나를 힐끗힐끗
쳐다본다. 낯선 사람이 길가에 우두커니 앉아 있는 것도 이상해 보
일 것이고 쌍안경을 들고 이리저리 보다가 나무 밑으로 가서 한참
을 서성이니 뭘 하는 사람인지 궁금했을 것이다. 아주머니를 그냥
지나칠 수 없어서 꾸벅 인사하고 두 팔을 옆으로 벌려 위아래로 흔
들어 새가 날아가는 시늉을 하면서 "냐오(새)!"라고 말했다. 그리고
쌍안경으로 들여다보는 척했더니 아주머니가 잔뜩 경계하던 얼굴
을 환히 편다. 알아들었다는 표정이다. 그래서 "한궈런(한국 사람)!"
하고 한마디 더 보탰다. 그 아주머니는 다시 환하게 웃으며 알아들

소나무 가지 사이에 둥근 모양의 밥그릇 같은 둥지를 만들었는데 암컷이 둥지에서 한창 포란하고 있고 수컷이 암컷에게 먹이를 준 뒤 주위를 살피고 있다.

오른쪽의 노랑때까치 수컷이 먹이를 잡아 암컷이 먹기 좋게 잘게 찢어 전해주는 모습이다. 때까치와 마찬가지로 노랑때까치도 암컷이 포란하고 있을 때에는 수컷이 암컷의 먹이를 전담한다.

충남 서산 한 농가의 대나무 울타리에 둥지를 튼 때까치도 오른쪽 수컷이 포란 중인 암컷에게 먹이를 전달해주고 있다.

강원도의 조그만 야산 자락에서 새끼를 키우는 때까치가 도마뱀을 잡아 새끼에게 통째로 먹이고 있다. 잡은 먹이로 보면 거의 맹금류 수준이다.

사진 속 때까치 암컷은 참새보다 덩치가 더 크다. 참새의 몸길이가 14센티미터 정도이고 때까치가 18센티미터로 참새보다 훨씬 더 큰 편이다. 때까치는 참새목으로 분류하지만 공격성은 가히 맹금류에 버금간다.

때까치 수컷. 암컷보다 공격성이 더 강하고 암컷이 포란을 전담하기 때문에 수컷은 시도 때도 없이 사냥을 한다. 때로는 먹이를 저장했다가 암컷에게 전달하는 버릇이 있다.

강원도의 작은 마을 근처에서 새끼를 키우는 때까치가 들쥐를 사냥해 나뭇가지 끝에 꽂아서 저장한 모습이다.

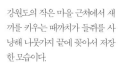

었다는 듯 고개를 끄덕거린다. 금세 친근감을 띤다. 다행이다. 조용하고 작은 마을인 이 보마촌에서 며칠을 보내야 하는데 마을 주민들에게 불편한 손님이 아닌 반가운 손님으로 지냈으면 하는 바람이다.

후투티

이제 개울 아래로 발길을 돌렸다. 귀제비 한 마리가 가위처럼 쩍 벌린 부리만 개울 수면에 살짝 담그고 곡예하듯이 날렵하게 긴 물살을 가르며 날아간다. 시원한 귀제비의 날갯짓을 신기하게 여기며 쳐다보는데, 그 위쪽에서 후투티 한 마리가 개울을 마주 보며 건너오는 것이 아닌가. 땅강아지를 물고 있다. "먹이를 물고 둥지로 가는구나!" 하고 직감하면서 순간 걸음을 멈춘다. 후투티도 나를 보고 당황한 듯 갑자기 방향을 바꾼다. 오던 방향 어딘가에 둥지가 있는 게 분명하다. 방향을 전환한 후투티가 보이지 않는다. 그 녀석이 가려고 했던 쪽으로는 집들이 옹기종기 있고 둥지를 틀 만한 커다란 나무나 고목은 눈에 띄지 않는다. 그렇다면 낡은 집 어딘가에 둥지를 틀었을까? 생각이 복잡해진다.

후투티는 딱따구리의 묵은 둥지, 또는 자연스럽게 생긴 나무 구멍 속을 사용하는 게 보통이지만, 때로는 낡은 집의 지붕 기왓장 밑에 생긴 공간이나 환기통 같은 인공의 공간을 이용하기도 한다. 그러니까 후투티는 제 스스로 둥지를 만들지 못하는 새다. 혼란스럽다. 촬영하기 좋은 나무 구멍 속에 둥지가 있기를 바랐던 것일까? 긴장했던 마음이 시큰둥해졌다. 그래도 혹시 우리나라에서 보는 후투티 둥지와는 조금 다른 게 있을지 궁금해진다. 개울가에 늘어선 버드나무 뒤로 채소가 심어진 텃밭이 있는데 버드나무와 텃밭

충남 서산의 작은 마을 근처에 있는 고목나무에 딱따구리가 파놓은 둥지를 후투티가 이용해 새끼를 키우고 있다.

우리나라에 도래하는 여름 철새인 후투티와 같은 개체로, 이도백하 보마촌에서 집 근처에 둥지를 틀고 새끼를 키우는 후투티가 처마 밑으로 날아가는 모습이다.

사이에 지붕이 무너져 내린 축사의 벽과 바닥이 널브러져 있다. 사람의 발길이 오랜 시간 끊긴 듯 잡초가 무성하다. 혹시나 해서 폐허가 된 축사 속으로 들어가 먼지와 거미줄이 엉켜 있는 구멍 속을 여기저기 들여다봤지만 후투티가 둥지로 이용할 만한 곳은 찾지 못했다. 먼지와 거미줄만 온몸에 달라붙었다. 텃밭 건너에 있는 주택을 꼼꼼히 살펴봤으나 거기에도 둥지가 될 만한 곳은 없었다.

여기 오기 전 우리나라 시골 마을에 있는 정원수 가운데 아름드

리 고목의 구멍을 후투티가 둥지로 이용하고 있는 것을 잠깐 촬영한 바 있다. 그때 그곳에 드나들던 후투티도 둥지 근처에 있는 나를 발견하고는 둥지로 들어가지 않고 방향을 바꿔 전혀 다른 곳으로 날아가는 모습을 보았다.

이 녀석들도 다른 새들처럼 둥지를 들키지 않으려고 주변에 대한 경계를 게을리하지 않는다. 그걸 알기 때문에 근처에 있는 큰 나무 뒤에 의자를 놓고 앉아 몸을 숨겼다. 역시나 10분도 되지 않아 후투티가 개울을 건너서 날아오더니 폐허가 된 축사 바닥으로 내려앉는 것이 보인다. 분명히 먹이를 물고 왔는데 땅바닥으로 내려앉는 것이 아닌가! 무슨 일일까? 혹시 숨어 있는 나를 의식하고 속임수를 쓰는 것일까? 이 녀석의 뜻하지 않은 행동에 혼란스러워할 즈음, 망설이지 않고 콘크리트 바닥을 총총 걸어서 곧바로 무성한 잡초 속으로 사라졌다. '옳거니! 저기에 이소한 새끼가 있거나 둥지가 있겠구나.' 이제 이 녀석이 사라진 곳을 확인하는 일만 남았다. 후투티가 둥지에서 날아나갈 때까지 참고 기다렸다. 놀라지 않게 해야 하기 때문이다. 잠시 후 그 후투티가 멀리 날아가고 보이지 않을 때쯤 숨어 있던 나무 뒤에서 일어나 후투티가 내려앉았던 곳으로 살금살금 다가갔다. 무릎 높이의 잡초가 무성한 그곳은 벽이 부서져 다 없어지고 바닥에 벽돌 두 장 높이 정도가 남아 있는데, 벽돌 사이에 난 구멍이 눈길을 끌었다. 발소리가 나지 않게 조심조심 접근해서 구멍을 덮고 있는 벽돌을 살그머니 들어내고 보니 어미만큼 다 자란 후투티 새끼 두 마리가 영문도 모른 채 멀뚱히 쳐다본다. 새끼와 눈이 마주치자 얼른 벽돌을 제자리에 덮어놓고 자리를 피했다. 놀란 새끼들이 나를 피한다고 어설프게 밖으로 튀어나오면 어미의 보살핌을 받지 못할까 싶어 걱정되어서이다. 마을에 나무 구멍이 얼마나 없었으면 이런 곳에 둥지를 마련했을까? 후투티는 기다란 머리 깃이 긴장하거나 경계할 때면 삐쭉 솟으면서 부채처럼 펴지는데 이 모습이 마치 인디언 추장의 모자 같다고 해서 "추장 새"라고도 불린다.

유럽에서는 앞날을 예고하는 새로 알려져 있으며 후투티가 많아지면 전쟁이 일어난다는 속설도 있다. 한편 아프가니스탄에서는 이 후투티를 우리나라 까치처럼 길조로 여겨 생포해 집에서 기르기도 한다. 또한 기원전 역사 속에서도 후투티의 그림이 남아 있는 것으로 미루어 예부터 이 새를 특별히 다루었음을 알 수 있다.

　그런 특별하고 멋진 녀석이 어쩌다 이런 초라한 구멍 속에 둥지를 틀었을까? 조금 전에는 땅바닥에 닿을 만큼 낮은 곳에 둥지를 만들어 새끼 키우는 물까치를 봤는데 이 녀석도 땅바닥에 둥지를 마련한 걸 보면 이 보마촌에는 바닥으로 다니며 먹이 사냥을 하는 뱀이나 길고양이 같은 천적이 없는 게 확실한 듯하다.

　이 마을 사람들이 새 둥지에 해코지를 하지 않으니 새들은 사람 손이 닿지 않는 곳을 찾아 일부러 둥지를 높게 지을 필요를 느끼지 않는 것일까? 오히려 높은 곳에 둥지를 만들었다가 맹금류로부터 공격당하는 것보다 낮은 곳이 더 안전하다고 여기는 것일까? 자연의 생리는 자연 속에 답이 있다는데 가늠하기가 쉽지 않다. 그리고 신기하게도 여기 보마촌에서는 까치가 보이지 않는다. 작은 새들에게 까치가 없다는 것은 까다로운 천적이 없어 안심하고 번식할 수 있는 안성맞춤의 장소인 셈이다. 까치는 잡식성으로 참새처럼 작은 새들의 어리바리한 새끼들을 사냥해 잡아먹기도 하기 때문이다. 따라서 보마촌에 작은 새들의 둥지가 많은 것이 우연은 아닐 터이다. 여섯 번째로 후투티 둥지를 찾았다.

알락할미새

　반나절 만에 이렇게 많은 둥지를 찾은 것은 처음이다. 개울을 따라 내려가고 있는데 멀리서 휘파람새 소리가 들린다. 옥구슬 굴러가는 휘파람새 소리는 들으면 들을수록 아름답다. 우리나라에서도 휘파람새가 점점 더 보기 어려워지는데, 전문가들 사이에서는 온난화 영향으로 휘파람새가 더 북쪽으로 이동하고 있는 것 같다는 말

딱따구리 묵은 둥지에서 새끼를 키우는 후투티 어미가 새끼에게 먹이를 전해주는 순간 꿀벌이 둥지 입구에 접근하자 머리에 있는 것을 부채처럼 활짝 펴고 위협하는 모습이다.

가늘고 기다란 부리는 날렵한 인상을 준다. 정수리에 난 기다란 깃털이 경계하거나 위협할 때 부채처럼 펼치는 모양이 멋지며 날개 밑에 있는 하얀 줄무늬와 검은 줄무늬 때문에 날갯짓할 때마다 환상적이고 우아한 느낌을 준다.

들이 나온다. 여기 백두산 자락에서 휘파람새 소리를 들으니 그 얘기가 실감난다. 소리가 나는 곳으로 발걸음을 빨리했다. 소리가 점점 더 가까워진다. 개울가의 작은 오솔길을 벗어나 마을에서 제일 넓은 포장도로로 올라서서 휘파람새 소리가 나는 곳으로 접근했다. 길가에 새로 지어놓은 기와집 근처에서 소리가 난다. 그 집엔 울타리가 없어 창문으로 안을 들여다보니 가구 하나 없이 텅 비어 있고 출입문은 잠겨 있다. 꾀꼬리 둥지처럼 외형만 덩그러니 완성된 상태다. 집 뒤로 높은 언덕이 있는데 그 언덕 위의 커다란 나무에서 휘파람새 소리가 계속 들린다. 불과 20미터 떨어진 거리다. 집을 짓기 전에는 작은 언덕이었던 듯싶은데 집을 짓는다고 그 언덕을 도로면과 같은 높이로 파내다보니 집 뒤로 3미터쯤 되는 수직 바위 절벽이 생겼다. 휘파람새가 어느 나무에 있는지 쌍안경으로 찾고 있는데 알락할미새 한 마리가 벌레를 물고 지붕 꼭대기에 내려앉아 긴 꼬리를 위아래로 까딱까딱하면서 두리번대며 경계하는 모습이 나를 의식하는 게 틀림없다. 이 녀석의 몸짓을 보아 하니 이 근처 어딘가에 둥지가 있다는 신호다. 그렇다면 집을 짓기 위해 깎아내린 저 작은 절벽 틈 사이에 둥지가 있을 확률이 높다. 경험을 통해 알게 된바 할미새 종류는 대부분 작은 돌 틈에 둥지 만들기를 좋아한다.

그 집 외벽에 몸을 기대고 숨어서 조용히 앉았다. 고개를 살짝 내밀면 집터를 만들기 위해 깎아낸 언덕의 수직 절벽이 보인다. 잠시 후 지붕 위에 있던 알락할미새 어미가 절벽 꼭대기에 내려앉아 내가 있는 쪽을 계속 경계한다. 얼른 머리를 벽 뒤로 숨겼다. 눈을 마주쳐서는 안 된다. 이미 알아차렸다는 듯 녀석은 내가 있는 벽쪽을 한동안 쳐다보더니 다시 지붕 위로 몸을 피한다. 숨바꼭질이

시작된 것이다. 감추려는 자와 찾으려
는 자의 신경전이다. 지붕 위로 오
른 녀석이 여전히 먹이를 입에 물
고 종종걸음으로 이리 왔다 저리
갔다 하는 몸짓이 몹시 불안해 보
여서 미안한 마음이 든다. 내가 있는
곳과 둥지가 가까이 있는 건 아닐까? 곰

경기도의 한 농가 담장을 자연석
으로 만들었는데 그 돌 틈에 생
긴 구멍 속에 알락할미새가 둥지
를 만들고 알을 낳았다.

곰이 생각해보니 그런 것 같다. 그래서 자리에서 일어나 의자를 들
고 좀더 먼 곳으로 이동했다. 쌍안경으로 보이는 곳까지 멀리 떨어
진 데 자리를 잡고 앉았다. 그렇게 꼼짝 않고 있자 녀석은 안심이
된 모양인지 지붕에서 다시 절벽 위로 내려앉아 앞뒤를 살피고는
곧바로 절벽 중간쯤에 내려앉는다. 그런데 녀석이 내려앉은 곳에 훤
히 열려 있는 선반 같은 데 둥지가 있는 것이 아닌가? 이런! 이 녀
석도 밖에서는 보이지 않는 깊은 구멍 속에 둥지를 꾸리지 않고 훤
히 보이는 곳에 만들어두었다. 쌍안경으로 보니 녀석이 새끼들에게
먹이를 먹이고 새끼의 똥을 물고 나간다. 어미가 멀리 사라진 것을
확인하고 얼른 그곳에 가까이 다가갔다. 둥지 높이는 내 가슴께쯤
된다. 새끼가 이미 다 자라서 깃털이 어미와 제법 비슷하다.

　내가 접근하자 새끼들은 하나같이 죽은 듯 둥지에 납작 엎드린
다. 얼마나 무섭고 두려울까? 손을 뻗어 둥지를 만질 수 있는 거리
에 사람이 불쑥 나타났으니 새끼들이 공포에 질릴 법도 하다. 입장
바꿔 생각해보자. 만약 내가 살고 있는 집 마당에 남산만 한 거인
이 들어와서 창문으로 방 안을 들여다본다고 상상해보라. 누구라
도 무서움에 진저리 치거나 놀란 나머지 기절할 게 틀림없다. 들여
다보는 나도 혹시나 새끼들이 돌발 행동을 하지 않을까 조마조마

하다. 왜냐하면 이런 경우 이소할 때가 다 된 새끼들이라고 하면 둥지에 죽은 척 납작 엎드려 있지 않고 갑자기 둥지 밖으로 튀어나가는 일이 허다하기 때문이다. 그러면 낭패다. 충분히 자라지 않은 새끼들이 둥지 밖으로 나가면 제대로 살아남기 어려울 게 뻔하다. 그래서 언제나 이렇게 낮고 훤히 보이는 둥지를 들여다보는 것은 정말 조심스럽다. 확인만 하고 서둘러 자리를 피했다.

'얘들아! 미안하다.' 둥지를 찾을 때마다 그런 심정이다. 휘파람새를 찾아왔다가 일곱 번째로 생각지도 않은 알락할미새 둥지를 발견했다. 우리나라에서는 알락할미새 둥지가 거의 돌 틈 구멍 속에 있어 밖에서는 새끼들 모습을 보기 어려웠다. 그런데 백두산 자락에서는 잘 보이는 무대처럼 훤한 곳에 둥지를 마련했다. 위장텐트 속에 숨어서 촬영하기에는 안성맞춤이다.

한편으로는 그냥 절벽 앞을 지나가면서 위아래 돌 틈을 살폈으

우리나라에서도 산간의 덤불숲에서 번식하는 여름 철새인 휘파람새가 백두산 보마촌 들녘에서 아름다운 노랫소리를 들려준다. 틀림없이 이곳에서도 번식할 텐데 이 녀석의 둥지를 찾는다고 며칠 동안 헛수고만 했다.

적당한 돌 틈이 없어서였을까. 이곳 보마촌의 알락할미새는 작은 절벽의 바위틈에 훤히 보이는 둥지를 만들어 새끼를 키우고 있다. 둥지 높이가 바닥에서 1미터 남짓하고 둥지에 있는 새끼들이 훤히 보이기 때문에 10여 미터 떨어진 곳에서 위장했는데도 육안으로도 잘 보인다. 어미도 잠시 위장텐트에 적응한 뒤에는 크게 경계하지 않고 스스럼없이 둥지의 새끼를 돌보았다.

면 둥지를 쉽게 찾을 수 있었을 텐데 조심한다고 시간을 허비한 게 계면쩍어 피식 웃음이 난다.

딱새

그래서 알락할미새 둥지를 지나 그냥 절벽 앞으로 지나치면서 혹시나 또 다른 둥지가 있지나 않을까 하여 절벽 틈을 살피기 시작했다. 그렇게 몇 걸음을 지나는데 딱새 수컷이 벌레를 물고 절벽 위로 날아왔다가 나를 발견하고는 "딱딱딱" 경계 소리를 낸다. 옳거니, 이 녀석도 이곳 어딘가에 둥지가 튼 것 같다. 보통 야생의 새들은 자기 둥지 근처에 천적이 나타나면 경계 소리를 내서 둥지에 있는 새끼들에게 위험하다는 경고를 본능적으로 보낸다. 결국 그 소리 때문에 오히려 둥지를 쉽게 들키는 일이 허다하다. 알락할미새 둥지에서 불과 20여 미터 왔을까? 돌 틈에 작은 둥지가 얼핏 보인다. 쌍안경으로 들여다보니 틀림없는 둥지다. 더 가까이 접근해서 살피려 하자 수컷이 따라오면서 "딱딱딱" 소리를 내며 요란하게 경계한다. 살짝 보이는 둥지 앞에 손가락 굵기만 한 잡초 한 포기가 앞을 가리고 있다. 그 속에 둥지가 숨어 있었다. 둥지 속에는 짐작한 대로 새끼들이 고물고물 엉켜서 한 덩어리로 뭉쳐 있다. 우리나라에서도 흔히 보는 딱새 둥지를 여덟 번째로 찾았다. 딱새는 우리나라에서 마을 근처에 주로 둥지를 만든다. 인가 근처에 터를 잡는데, 때로는 창고 속에 들어와서, 심지어 사람이 드나드는 현관 신발장 속에 들어와서 둥지를 틀기도 한다. 집 앞에 설치해놓은 우체통 속에 둥지를 만들기도

우리나라에서도 흔히 보이며 친숙한 텃새인 딱새 수컷의 모습이다. 이곳에서도 추운 겨울에 남쪽으로 이동하지 않고 텃새로 살아가는지 궁금하다.

알락할미새 둥지가 있는 절벽 끝에서 발견한 딱새 둥지다. 딱새도 보편적으로 굴속 같은 어두운 곳에 둥지를 만든다. 그러나 알락할미새처럼 굴속 같은 장소가 없어 이렇게 훤히 보이는 곳에 둥지를 틀었을까? 인기척에 놀란 새끼들이 둥지에 바짝 엎드려 죽은 듯이 꼼짝 않고 있다.

강원도 한 농가의 경운기 공구 상자 안에 딱새가 둥지를 틀었다. 뚜껑이 살짝 열려 있어 어미가 들락날락하기에는 안성맞춤이다.

충청도의 한 농가 마당에 오래된 절구통이 눕혀져 있었는데 이곳에 딱새가 둥지를 틀었다. 집주인이 마당에서 농사일을 하고 수시로 출입하지만 딱새는 절묘하게 사람 이외의 천적으로부터 둥지를 보호할 수 있다고 믿어서 여기에 지은 것일까.

충청도 한 농가의 현관 위에 딱새가 둥지를 틀었다. 드나드는 사람들이 훤히 볼 수 있는 장소지만 딱새가 일부러 이런 장소를 택한 데 대해서는 설명할 길이 없다.

충청도의 한 농가, 잘 사용하지 않는 행랑채 선반에 둥지를 튼 딱새 암컷이 새끼들에게 먹이를 먹이고 주변을 경계하는 모습이다.

충청도의 한 농가 창고 지붕 밑에 생긴 구멍 속에 딱새가 둥지를 틀고 파란색 바탕에 검은 반점의 알을 낳았는데 뻐꾸기가 같은 파란색 알을 탁란했다. 검은 반점이 없는 뻐꾸기의 알도 자신의 알로 착각한 것일까?

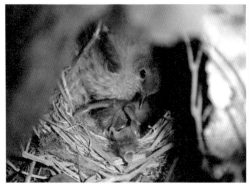

딱새 암컷이 막 부화한 새끼를 품고 있는데 뻐꾸기 새끼가 딱새 새끼를 둥지 밖으로 밀어 떨어뜨린다. 하지만 딱새 어미는 그냥 쳐다만 볼 뿐이다.

딱새 알이 미처 부화하기 전인데 뻐꾸기 새끼가 이 알을 둥지 밖으로 밀어 떨어뜨리고 있다. 역시 딱새 어미는 멀뚱히 쳐다만 볼 뿐이다.

결국 뻐꾸기 새끼는 딱새 알과 딱새 새끼를 모두 둥지 밖으로 밀어내고 둥지를 혼자 차지하고 앉아 딱새 어미로부터 먹이를 받아먹고 있다. 딱새 어미가 이런 뻐꾸기를 자신의 새끼인 줄 철석같이 믿지 않으면 불가능한 일이다.

둥지를 벗어난 뻐꾸기 새끼에게 딱새 수컷이 먹이를 먹이는 모습이다. 덩치가 어미보다 몇 배나 더 큰 뻐꾸기 새끼지만 붉은 입을 벌리고 소리를 지르는 탓에 부모들은 잠시도 한눈팔지 못하고 정신없이 뻐꾸기를 키운다.

하는 등 사람 사는 곳에 천적이 쉽게 접근 못 하는 점을 이용하는 것으로 보이지만 가끔은 뻐꾸기의 탁란 대상이 되곤 한다.

그렇다고 모두 인가 근처에 둥지를 만드는 건 아니다. 때로는 깊은 산속 굵은 나무 밑 움푹 팬 바닥에 둥지를 만들고 쇠딱따구리의 낮은 수공도 이용한다. 백두산의 딱새 역시 사람이 살고 있는 마을 근처에 둥지를 트는 습성은 우리나라 딱새와 마찬가지인 것 같다.

휘파람새

딱새 둥지를 뒤로하고 발소리가 나지 않게 살금살금 뒤돌아 나오는데 여전히 휘파람새가 예쁜 목소리로 노래를 부르고 있다. 내가 근처에 있거나 말거나 멈추지 않는다. 휘파람새는 주로 수컷이 노래하는데 암컷에게 구애할 때와 암컷이 포란할 때 그 주위를 맴돌며 목청을 돋운다. 마치 소리가 미치는 곳까지 자기 영역이라고 주장하듯 말이다. 보통 둥지가 있는 근처에서 노래 부른다는 것을 알고 있던 터라 금세 둥지를 찾을 수 있으리라 확신하면서 쾌재를 불렀다. 어느 해 봄 원주 지방에서 휘파람새 둥지를 찾았을 때 수컷이 매일 똑같은 나무에 앉아 울고 있는 것을 이상하게 여겨 그 근처 숲속을 뒤졌다가 뜻밖에 30분 만에 둥지를 찾았던 기억이 있어 여기서도 휘파람새 둥지를 곧 찾을 수 있을 거라 생각하니 마음이 들떴다. 정말로 어렵잖게 찾은 둥지에 생각지도 않은 두견이가 탁란한 알을 발견하고 얼마나 흥분했는지 모른다.

하지만 그로부터 며칠이 지나도록 휘파람새 둥지는 찾지 못했다. 아침이면 출근하듯이 휘파람새가 울고 있는 들판에 꼼짝 않고 앉아서 오전 내내 휘파람새의 움직임을 관찰하고 오후에는 이 녀석의 동선을 따라 직접 찾아다니며 나뭇가지 속을 뒤졌지만 둥지 하나 발견하지 못했다. 녀석이 울던 곳으로 찾아가면 어느새 달아나 내가 접근한 거리만큼 더 떨어진 곳에서 울곤 했다. 마치 그림자를 뒤쫓는 듯 허망했다. 환경이 우리나라와 다른 것도 있겠지만 너무 쉽게 접근한 경솔함 탓일까. 그 둥지를 찾겠다고 공들인 시간이 아까워서 포기 못 하고 며칠을 그렇게 휘파람새 소리를 따라다니며 헛걸음을 했다. 정말 약이 올랐다. 하루 종일 따라다니는 김룡이 더 지친 기색이었다. 이제 다른 새를 찾으러 가자고 조르기까지 한다. 그럴수록 더 오기가 생겨서 또 하루를 휘파람새와 숨바꼭질을 했다. 그렇게 헛걸음한 지도 나흘이 지났다. 돌아갈 날이 며칠 남지 않았는데 둥지를 찾지 못한 채 나흘을 허비했으니 지나간 시간이 너무 아까웠다. 그사이에 아직도 호사비오리 둥지에는 변함이 없다고 한다. 그동안 일곱 개의 새 둥지를 하루 만에 쉽게 찾은 게 독이 되었던 걸까? 우리나라에서도 하루에 새 둥지 일곱 개를 찾은 적이 없던 터라 나도 모르게 기고만장했던 게 틀림없다. 한편으로는 휘파

백두산 아래 첫 동네인 이도백하 보마촌 마을 들녘에서 하루 종일 울고 있는 휘파람새. 암컷을 만나지 못한 것인지 아니면 우리나라와는 다른 조건의 장소에 둥지를 만들기 때문에 둥지를 찾지 못한 것인지 알 수 없으며, 백두산에서의 번식 생태는 확인하지 못했다.

제주도 숲속에서 가슴 높이에 둥지를 럭비공처럼 만들어놓고 알을 낳은 모습의 휘파람새 둥지다. 자줏빛깔인 알은 휘파람새의 아름다운 노랫소리만큼 예쁘다.

강원도의 작은 마을 들녘, 우거진 칡넝쿨 속에 있는 작은 아카시아나무 1.5미터 정도 높이에 둥지를 만들고 알을 낳았는데 두견이가 탁란을 해놓았다. 두견이 알이 조금 더 크지만 휘파람새는 거부하지 않고 알을 품었다.

제주도의 휘파람새는 두견이한테
들키지 않고 자기 새끼들을 잘 키
워냈다.

강원도의 두견이 새끼가 알을 모
두 둥지 밖으로 밀어내고 혼자 둥
자를 차지하고 앉아 있지만 휘파
람새는 자기 새끼로 알고 열심히
먹이를 먹인다.

강원도의 휘파람새가 둥지를 벗
어난 두견이 새끼를 따라다니며
먹이를 먹이고 있다.

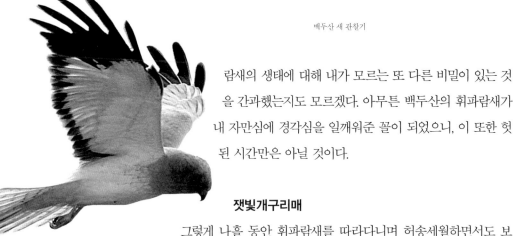

겨울을 나기 위해 충남 서산에 있는 천수만에 찾아온 겨울 철새인 잿빛개구리매(천연기념물제323-6호) 수컷이 논두렁 사이를 날아다니며 먹이를 찾고 있다.

람새의 생태에 대해 내가 모르는 또 다른 비밀이 있는 것을 간과했는지도 모르겠다. 아무튼 백두산의 휘파람새가 내 자만심에 경각심을 일깨워준 꼴이 되었으니, 이 또한 헛된 시간만은 아닐 것이다.

잿빛개구리매

그렇게 나흘 동안 휘파람새를 따라다니며 허송세월하면서도 보마촌에서 그동안 한 번도 보지 못했던 잿빛개구리매 수컷을 우연히 본 것이 수확이라면 수확이었다. 겨울 철새인 잿빛개구리매는 충남 천수만에서 주로 겨울에 본 게 전부였다. 봄에서 여름으로 넘어가는 6월 초순에 수컷이 보인다면 틀림없이 번식하는 것이다. 며칠 동안 휘파람새 둥지를 찾지 못해 지친 상태였는데 마침 새롭게 본 잿빛개구리매가 또다시 의욕을 돋우는 반가운 촉매제가 되었다.

이번 여정 중 첫 번째 목표로 삼았던 것은 호사비오리 새끼들이 둥지 밖으로 날아 내려오는 과정을 촬영하는 것이었는데, 어쩐 일인지 사 사장 직원인 당 씨가 24시간 감시했음에도 불구하고 부화한 새끼들은 날이 밝기 전 새벽부터 모두 밖으로 나와 어미와 함께 사라졌다는 것이다. 사 사장도 어처구니없어하기는 마찬가지였다. 이른 봄부터 두 달을 공들였는데 허탈하다며 머리를 절레절레 흔든다. 공교롭게도 그 전날 둥지 밑에서 지키고 있던 당 씨가 집안에 제사가 있어 자리를 비웠는데 날이 밝은 뒤 돌아왔다고 한다. 둥지가 조용해서 그곳에 올라 살펴보니 둥지가 텅 비었다고 했다. 날이 밝기 전 둥지를 떠난 일이 흔치 않기

호사비오리 둥지에 부화한 새끼들은 둥지를 모두 떠나고 무정란으로 부화되지 못한 알 하나만 덩그러니 남아 있다.

때문에 조금 방심을 한 것 같다.

결국 바라던 촬영은 다음 해로 미룰 수밖에 없었다. 그 대신 며칠간 찾아다니던 보마촌의 새들을 남은 일정 동안 계속 관찰하기로 하면서 잿빛개구리매의 둥지를 찾는 데 매진할 계기가 된 것이다. 마을 지리를 잘 알고 있는 중국인 손양빈에게 잿빛개구리매의 습성을 설명하고 습지가 어디 있는지 안내해달라고 부탁했다. 우리나라에서도 겨울이면 주로 습지 근처에서 설치류를 사냥하는 것을 목격한 터라 아마 둥지도 습지에 만들지 않을까 생각한 것이다. 손량빈이 안내한 곳은 폭 20~30미터 되는, 끝이 안 보일 정도로 습지가 까마득하게 펼쳐진 곳이었다. 그 습지에는 바닥이 보이지 않을 만큼 풀포기가 빼곡히 들어찬 게 김장 배추 포기를 꼭 닮았다. 다만 크기가 배추 포기의 2~3배 된다는 점이 다를 뿐이다. 습지는 몇 킬로미터인지 가늠이 안 될 정도로 가없이 펼쳐졌다. 장화를 신어야 다닐 수 있고 물웅덩이도 있어서 발이 갯벌에 빠지듯 푹푹 들어가 그 습지를 걸어다니는 것만으로도 정말 힘들었다. 그런 식으로 풀포기 속을 다 들여다봐야 했기에 김룡은 출발부터 손사래를 치며 뒷걸음질 친다. 그래서 그 넓은 습지를 나 혼자 다니며 잿빛개구리매 둥지를 찾아야 했다. 근처 마을 사람의 말로는 자신이 기르는 소를 그 습지에 풀어놓아 풀을 뜯어 먹게 했는데 소를 찾으러 들어갔다가 우연히 풀포기 속에 알이 있는 것을 발견했다고 해서 더 신빙성 있게 여겨졌다. 그 둥지에서 날아 나간 새가 잿빛개구리매 암컷이고 수컷도 근처에서 봤다고 하니 이 둥지도 곧 찾을 수 있을 것 같은 기대 속에서 시작했건만 결국 이틀 동안 쉼 없이 다녔음에도 둥지를 찾지 못했다. 그런 가운데 얻은 가장 큰 수확이라면 습지 가까이에서 수컷이 날아가는 모습을 목격한 것이다.

천수만 들녘에서 먹이를 발견했
는지 논두렁의 갈대 속으로 급히
방향을 바꾸는 잿빛개구리매 암
컷이다. 이들은 암컷과 수컷의 모
양새가 완전히 다르다.

잿빛개구리매 수컷이 텃새인 황
조롱이와 영역 다툼을 하는 모습
이다. 황조롱이와는 먹이 생태가
같기 때문에 영역이 겹칠 수밖에
없다. 그래서 이들은 만나기만 하
면 영역 다툼을 한다.

잿빛개구리매 암컷이 강변의 습
지를 날아다니며 먹이 사냥을 하
고 있다. 월동하는 내내 습지 근처
를 다니며 먹이활동을 한다.

백두산에서 번식하는 잿빛개구
리매 수컷의 이동 범위가 생각보
다 넓은 것 같다. 비상하는 높이
가 높은 것은 더 멀리 이동하기
위함이다.

그 주변의 습지를 말 그대로 이 잡듯이 뒤졌지만 그 녀석의 꼬리도 보지 못했다. 한쪽 발이 구덩이에 허벅지까지 빠져서 발을 빼지 못하면 두 손으로 발을 잡고 무 뽑듯이 잡아올리다가 다른 쪽 발이 또 빠진다. 이건 새 둥지를 찾는 것이 아니라 체력 훈련 중이라는 생각이 들 정도였다. 나무 그늘 하나 없는 넓은 습지에서 뜨거운 태양 아래 땀을 뻘뻘 흘리며 깊숙이 박힌 발을 뺀다고 사투를 벌이는 내 모습은 정말 어처구니가 없었다. 10여 년 동안 많은 둥지를 찾았지만 이번처럼 둥지를 찾느라고 힘들었던 적이 없었던 듯싶다. 얼마나 힘이 들었으면 둥지 찾기를 포기하고 습지를 엉금엉금 기어나와서 땅바닥에 그대로 드러누웠으니까. 헐떡거리며 땅바닥에 널브러져 하늘을 보면서 무엇이 잘못되었는지 곰곰이 되짚어봤지만 도무지 종잡을 수 없었다. 휘파람새에 이어서 잿빛개구리매 둥지도 못 찾으면서 일주일을 그냥 허비했다. 아깝지만 어쩔 수 없는 노릇 아닌가. 찾겠다고 마음먹는다고 다 찾아진다면 그 또한 야생의 실체가 아니리라. 다만 백두산 자락에서도 다양한 종류의 새들이 살아가고 있으며 각자의 특성에 맞게 번식하고 있다는 점을 알게 된 것만으로 큰 수확이며 의미 있는 경험이었다.

겨울에 충남 천수만을 찾아와 월동하는 겨울 철새인 물때까치가 먹이를 찾아 주변을 살피는 중이다.

물때까치

귀국을 사흘 앞두고 잿빛개구리매를 찾는다며 습지를 돌아다니다가 우연히 마을 뒤편에 있는 넓은 밭 가운데로 날아드는 물때까치 한 마리를 봤는데, 시간이 나면 저 녀석의 둥지도 꼭 한번 찾아보겠다고 다짐했다. 잿빛개구리매 둥지 찾기를 포기한 것도 실

천수만에서 월동하는 물때까치 한 마리가 나뭇가지에 꽂아서 저장해둔 개구리를 찾아 먹고 있다. 그 개구리는 며칠을 그렇게 꽂혀 있었던 것인지 명태처럼 바짝 말라 있었다.

은 물때까치에게 더 매력을 느꼈기 때문인지 모른다. 이 녀석은 겨울에 우리나라를 찾아오는 잿빛개구리매처럼 겨울 철새다. 때까치 중에서 덩치가 제일 크기도 하다. 물때까치는 초지나 넓은 밭이 있는 곳에서 먹이 사냥을 하는 습성이 있다. 때까치류는 대부분이 그렇듯 먹잇감이 주로 메뚜기 같은 풀벌레, 그리고 개구리, 도마뱀, 때로는 들쥐, 작은 뱀 등으로 움직이는 생물은 닥치는 대로 사냥한다. 잿빛개구리매의 둥지를 찾는다고 습지를 다니면서 먼 곳의 나무 사이로 날아가는 물때까치의 하얀 날갯짓을 보며 처음에는 저게 뭐지, 하고 궁금해했다. 그 모습을 한 번 두 번 보면서 물때까치 같다는 심증을 굳혀 다음에는 저 녀석의 둥지를 찾아야지 하고 작정했다. 그리고 짐작처럼 물때까치였으면 정말 좋겠다는 기대를 크게 했다. 왜냐하면 우리나라에서는 번식하는 모습을 보지 못했기 때문이다.

넓은 들판의 밭두렁에 혼자 앉아 그 녀석이 나타나기를 우두커

물때까치 한 마리가 서산의 천수만 들녘에서 먹이를 찾기 위해 제자리 날기(정지비행)를 하고 있다.

129

이도백하 보마촌 들녘에 있는 전 깃줄에 앉은 물때까치가 사냥을 위해 주변을 살피고 있다. 이 녀석 은 수컷으로 추정되는데, 암컷은 둥지에 있기 때문에 혼자 사냥하 는 것으로 짐작된다.

니 기다렸다. 때까치 종류이니 어딘가 나뭇가지 속에 둥지를 만들 것으로 짐작만 할 뿐 한 번도 둥지를 본 적은 없어 먹이 사냥을 나 오는 녀석을 추적해서 둥지를 찾는 수밖에 없기 때문이다. 이렇게 기다리는 시간은 참으로 죽을 맛이다. 언제 나타날지 알 수 없는 녀석을 기다린다는 게 말처럼 쉽지 않기 때문에 한 시간 두 시간 기다리다보면 인내심에 한계가 온다. 습지를 돌아다니면서 물때까 치가 날아다니던 곳이 이 보마촌 뒤편에 있는 넓은 들녘 근처라고 만 짐작할 뿐 확신이 없기 때문에 그만 포기하고 일어날까, 수없이 망설였다. 그때였다. 100미터 앞쪽에서 하얀 날갯짓을 하는 물체가 보이더니 전깃줄에 앉는 것이 언뜻 눈에 들어왔다. 얼른 쌍안경으 로 확인했다. 가물가물하지만 틀림없이 물때까치였다. 그 모습을 확 인하는 순간의 기쁨이란 말로 표현하기 어렵다. 가슴이 뛴다. 또다시 들여다본다. 틀림없다. 심증만 가지고 있던 내 짐작이 틀리지 않았 다. 이제 실체를 눈앞에서 확인했으니 이 녀석의 움직임을 관찰하는 것은 어렵지 않다. 하루 종일 기다려도 지루하지 않다. 운동 경기를 관람하는 것과 다를 바 없기 때문이다. 전깃줄에 앉아 깃털을 다듬는 것도 놓칠 수 없고, 갑자기 땅바닥으로 내려앉으면 무엇을 잡았을까 하고 긴장하게 되며, 먹이를 물고 전깃줄에 올라서면 먹잇감이 무엇일까 궁금하고, 먹잇감을 물고 날아가면 어디로 갈까, 놓치면 안 되는데 하는 긴장감의 연속이기 때문에 지루할 틈이 없다.

이제부터는 잠시도 녀석에게서 눈을 떼면 안 된다. 어디로 가는지 확인해야 둥지를 찾을 수 있기 때문이다. 하늘의 구름이 둥둥 떠 있는 맑은 날씨지만 강렬히 내리쬐는 햇볕에 전깃줄이 반짝이기 때문에 녀석의 몸체가 가물가물해서 계속 쌍안경으로 들여다보는 것이 쉽지만은 않다. 자꾸만 눈을 비빈다. 그래도 다른 곳으로 눈을 돌릴 순 없다. 그렇게 눈싸움이 시작되었다. 녀석은 전깃줄에 앉아서 아래를 내려다보며 밭고랑 사이에서 먹이를 찾고 있다. 지금은 어떤 시기일까? 둥지를 만들고 있을까? 아니면 암컷이 포란 중일까? 혹은 부화를 해서 둥지에 새끼들이 있을까? 어지간한 새들의 번식은 시기별로 대략 짐작할 수 있는데 물때까치의 번식은 한 번도 관찰하지 못했기 때문에 가늠조차 할 수 없다. 그리고 물때까치는 암수가 똑같은 깃털 색깔이라 지금 보는 녀석이 암컷인지 수컷인지조차 파악 못 해 더더욱 번식의 진행 상황을 추정할 수 없다. 보통 암수 구분이 확실하면 먹이 사냥하러 나온 녀석을 보고도 대략 번식의 정도를 가늠할 수 있다. 그러니까 암컷은 보이지 않고 수컷만 열심히 사냥하러 다닌다고 하면 다 그런 것은 아니지만 대부분 암컷이 둥지에서 산란하고 있거나 포란하는 중이란 걸 짐작할 수 있는 셈이다. 물론 암수가 교대로 포란하는 새들은 암수가 번갈아서 먹이 사냥을 나오기도 한다. 물때까치는 어떨까? 다른 종류의 때까치들은 대부분 암컷이 포란을 전담하고 수컷은 먹이를 사냥해서 암컷에게 전해준다. 그러니까 이 녀석도 암컷이 포란을 전담할

경기도의 조그만 야산 자락에서
때까치 수컷이 먹이를 잡아 암컷
을 찾아왔다. 위에서 입을 벌리고
먹이를 받으려는 녀석이 암컷이
다. 아마도 암컷이 알을 낳고 있
는 것으로 짐작된다.

충남의 야산 자락에 있는 조그만
마을의 한 농가 울타리에 때까치
가 둥지를 만들고 암컷이 한창 알
을 품고 있다. 수컷이 이런 암컷을
위해 하루 종일 열심히 먹이를 전
해주고 있다. 둥지에 앉아 먹이를
받아먹는 녀석이 암컷이다.

때까치 둥지에 새끼들이 부화하면 암수가 같이 먹이 사냥을 해서 새끼들을 키운다.

것으로 짐작은 된다.

이 녀석을 발견한 지 한 시간이 흘렀다. 무엇을 그렇게 기다리고 있는 걸까? 전깃줄 한 자리를 차지하고 앉은 녀석은 움직일 줄을 모른다. 그러다가 슬쩍 땅바닥으로 내려앉았다. 바닥에 앉은 녀석이 밭작물에 가려서 보이지 않는다. 얼른 자리에서 일어났다. 계속 쌍안경으로 바닥을 주시한다. 잠시 후 이 녀석이 앉아 있던 제자리의 전깃줄로 다시 올라왔다. 무엇을 물었는지 잘 보이지 않는다. 그렇게 올라선 그 녀석이 훌쩍 자리를 박차고 날아서 마을 쪽으로 날아간다. 그러니까 내가 앉아 있는 쪽이 아니라 반대쪽으로 더 멀어지고 있다. 쌍안경으로 보고 있지만 점점 더 가물가물해져 새의 모습이 보이지 않는다. 답답하다. 날아간 그쪽으로는 비닐하우스가 있고 축사도 있으며 집들이 있는 동네 한복판이다. 그 집들 사이로 높은 버드나무가 보인다. 그 나무가 의심이 간다. 그렇지만 확실하게 본 것이 아니라서 섣부르게 접근할 수가 없다. 둥지 근처에 얼쩡

거리기라도 하면 잔뜩 경계하는 녀석의 속임수에 오히려 더 헷갈리는 수가 있어 시간만 낭비할지 모른다. 그래서 녀석이 앉아 있던 전깃줄 가까이로 다가갔다. 불과 30~40미터 간격을 두고 다시 밭고랑에 앉았다. 밭에는 무릎 높이로 자란 알 수 없는 묘목이 끝없이 이어져 있다. 이제 날아간 녀석이 다시 나타나기를 기다린다. 한번 본 녀석을 기다리는 것은 막막하지 않다. 약간은 흥분된다. 마을 쪽에서 다시 사냥을 위해 날아 나올 것이 확실하기 때문이다. 설령 내가 있는 곳 가까이로 오지 않더라도 분명히 이 근처 어딘가로 먹이 사냥을 나간다는 것은 분명해졌기 때문이다. 김룡에게서 온 무전기가 삑삑 울린다. 내가 있는 곳으로부터 멀리 떨어진 곳에 주차해 기다리는 모습이 맨눈으로도 보이기 때문에 내가 먼저 연락하지 않는 한 연락은 않기로 약속되었는데 무슨 일일까? 투박한 목소리가 들린다.

"밥 먹으러 가요!" 시계를 보니 11시 30분이다. 몸무게가 100킬로그램을 넘는 김룡으로서는 끼니를 놓칠 수 없겠지. 그렇지, 이제는 조급할 것 없지. 점심 먹고 다시 시작하자. 철수해서 시내로 나가 점심을 먹고 돌아왔다. 오전과 마찬가지로 김룡은 자동차에서 대기하고 나는 밭고랑으로 들어가 물때까치가 나타나기를 기다렸다. 그런데 내가 앉아 있는 밭고랑 앞으로 소가 풀을 뜯고 있는 초지가 있는데 그곳에 검은딱새가 잡초 위로 낮게 날아다니는 것이 보인다. 옳지, 저 녀석도 저 근처 어딘가에 둥지가 있는 것 같다. 암수가 다 보이는 것으로 미루어 아마도 알이 부화해 새끼들에게 먹이를 먹이느라 바쁜 때인 것 같다. 물때까치 둥지를 찾고 나서 저 녀석의 둥지도 찾아봐야지. 느긋했던 마음이 바빠졌다. 설상가상으로 마을 쪽에서 오토바이 소리가 작게 들려온다. 내가 있는 곳으로 통통거리며 달려온 오토바이가 길가에 멈춘다. 물때까치의 자연스런 동선 파악이 급선무인데 저 마을 주민 때문에 이동하는 길이 달라지면 그동안 짐작했던 예상 경로에 혼선이 빚어질 텐데. 귀국은 코앞으로 다가오고 금쪽같은 시간만 낭비한 꼴이 될까봐 초조하기만 하다. 조급해진 내 마음을 알 턱이 없는 그 주민에게 밭일을 다음에 하라고 할 수도 없는 노릇이다. 그저 밭일을 빨리 마치고 돌아가기를 바랄 뿐이다. 그 주민을 한번 쳐다보고, 쌍안경으로 빈 전깃줄 주변을 들여다보며 초조한 마음을 달래는데, 물때까치가 마을 쪽에서 날아 나온다. 아니나 다를까, 일하고 있는 주민을 지나쳐서 내가 앉아 있는 밭고랑을 훌쩍 넘어 더 멀리 넓은 초지 가운데 있는 전깃줄로 자리를 옮겼다. 이제 더는 이것저것 눈치 볼 것 없다는 조급한 심정에 슬그머니 일어나서 의자를 들고 녀석이 앉은 곳 근처까지 다가갔다. 그러면서도 그 녀석이 나를 피해 다른 곳으로 날아갈까봐 마음이 조마조마했다. 녀석과의 거리가 50미터쯤 되었을까? 걸음을 멈추고 살그머니 의자를 펴고 앉았다. 이 정도 거리에서 녀석의 움직임을 쌍안경으로 확인하는 데는 무리가 없다. 밭일하는 주민에게도 신경 쓸 일이 없어 오히려 마음이 더 편해졌다. 주차한 차 안에 있는 김룡은 차 문을 열어둔 채 졸고 있다.

평온한 시골 들녘이다. 그렇게 전깃줄에 앉아서 한동안 땅바닥을 노려보던 녀석이 떨어지듯이 훌쩍 날아 내렸다. 순간 긴장되었다. 쌍안경으로 녀석을 추적하며 보고 있는데 잡초가 무성한 바닥에서 훌쩍 날아올라 원래 앉았던 전깃줄에 다시 앉는다. 자세히 보니 주둥이에 벌레를 물고 있다. 옳지, 됐다. 이제 어디로 날아가는지 놓치지 않으면 된다. 사냥한 먹잇감을 먹지 않고 날아간다면 그 녀석이 날아가는 곳에 둥지가 있을 것이다. 전깃줄에 올라앉은 녀석, 잠깐 앞을 보더니 지체 없이 공중에 몸을 띄운다. 역시 마을 쪽으로 날아간다. 쌍안경으로 뒤쫓으며 눈을 부릅뜬다. 이때는 눈을 깜빡거려서도 안 된다. 혹시 그 순간 방향을 바꾸면 날아간 방향을 놓칠 수도 있기 때문이다. 비닐하우스 지붕을 지나서 붉은 벽돌집을 지나 지붕 위로 솟은 버드나무 사이로 날아드는 것까지만 보인다. 버드나무에 앉은 것인지 버드나무를 지나서 더 먼 곳으로 날아갔는지 알 수 없다. 이제 더는 망설일 필요가 없다. 의자를 집어들고 버드나무 쪽으로 급히 발걸음을 옮겼다. 비닐하우스와 붉은 벽돌집 사이를 빠져나가니 작은 도랑이 가로지르고 있고 그 도랑 건너로 작은 밭이 있다. 이제 막 모종을 한 작물이 밭고랑에 줄지어 늘어서 있다. 그 농작물을 밟지 않으려고 조심하느라 발걸음이 더디다. 마음은 급하고 실수로 농작물을 밟지 않으려면 몸의 중심을 잘 잡아야 하는데 자꾸만 뒤뚱거린다. 시골의 밭고랑을 지날 때에는 나도 모르게 조심하고 또 조심한다. 얼마나 힘들게 작업한 것인지 잘

이도백하 보마촌 마을 가운데에 있는 밭 가장자리를 따라 심어놓은 버드나무가 울타리를 이루고 있다.

알기에 소중히 여겨지는 것이다. 그런 농작물을 밟지 않으려고 발 디딜 자리만 내려다보며 조심조심 버드나무 있는 곳으로 나아가던 그때, 멀지 않은 정면에서 새소리가 났다. 밭고랑 사이에 발을 엉거주춤 딛고 서 있는데 무엇일까?

고개를 들었다. 물때까치가 있다. 한 쌍이 낮은 전깃줄에 앉아 먹이를 주고받는 순간이었다. 나와의 거리가 불과 20미터 정도. 나란히 앉아 서로 바라보는데 아직 내가 있는 걸 의식하지 못하고 있다. 아차, 카메라가 없다. 언제나 그랬듯 습관적으로 그런 찰나의 모습을 촬영하고 싶었는데, 얼음땡 놀이를 하는 어린아이처럼 꼼짝 않고 엉거주춤 서서 그들의 동작을 눈으로만 볼 수밖에 없다는 것이 얼마나 안타까웠던지. 귀찮아도 카메라를 들고 다녔어야 했는데 후회막급이다. 우리나라에서는 겨울에 잠깐 홀로 나뭇가지에 앉아 있는 녀석을 촬영한 적이 있지만 이렇게 한 쌍이 같이 있는 모습은 지금껏 보지 못했기 때문에 카메라를 챙기지 않은 것이 두고두고 후회된다. 그러니까 둥지 근처로 날아온 수컷이 암컷을 불렀고 둥지에 있던 암컷이 먹이를 받아먹으러 수컷을 찾아 나온 순간이란 것을 짐작하기 어렵지 않다. 틀림없을 것이다. 수컷이 건네주는 먹이를 받아먹는 암컷의 애교 섞인 날갯짓이 얼마나 예뻤던지 지금도 눈앞에 삼삼하다. 낚시하는 사람이 놓친 고기가 더 커 보인다고 하는데 지금 내 심정이 딱 그렇다. 잠시 후 먹이를 건네주고 받아먹고 하던 녀석들이 근처에 내가 꼼짝 않고 서 있다는 걸 그제야 눈치채고는 약속이나 한 듯 황급히 자리를 떠났다.

모두가 떠난 빈 전깃줄에 아쉬운 그들의 잔상만이 매달려 있다. 내 눈은 빈 전깃줄에 걸려 있지만 수컷이 날아간 방향과 암컷이 날아간 방향이 각기 다른 것을 감지했다. 지금은 수컷보다 암컷

물때까치 수컷이 먹잇감도 없이
암컷이 있는 둥지 근처로 날아왔
는데 뒤에 있는 암컷이 수컷에게
먹이를 달라고 보채는 모습이다.

버드나무 울타리 중간에 있는
나무 속으로 물때까치가 날아들
었다.

물때까치가 들어간 버드나무를
살펴보니 나무 중간쯤에 마른
나뭇가지를 동그랗게 엮은 둥지
가 보인다. 때까치 종류 중에서
덩치가 제일 큰 녀석답게 둥지가
제법 크다.

강한 바람에 버드나무 가지가 흔
들려 둥지의 모습을 자세히 확인
하기 어렵다. 어느새 물때까치 암
컷이 주변을 경계한다고 고개를
들었다. 처음으로 물때까치의 둥
지를 확인하는 순간이다.

이 날아간 방향이 더 중요하다. 그곳에 둥지를 틀었을 확률이 더 높기 때문이다. 그래서 먹이를 받아먹고 날아간 암컷의 뒤를 따라갔다. 6~7미터 높이의 커다란 버드나무가 집과 밭 사이에 10여 그루 정도 울타리처럼 늘어선 곳이다. 발소리가 나지 않게 천천히 움직이며 살금살금 버드나무 밑에서 나뭇가지 속을 위아래 꼼꼼히 살폈다. 대부분의 때까치 종류의 습성으로 보면 둥지가 그리 높지 않기 때문에 이 녀석들의 둥지도 높지 않을 듯해 커다란 버드나무의 중간쯤이 아닐까 짐작만 하면서 살폈다. 버드나무 군락의 가운데쯤 갔을까. 수고가 7~8미터 되는 버드나무 중간에 둥지같이 보이는 강한 물체가 눈에 띈다. 대략 3미터 높이는 될 것 같다. 역시 때까치 종류 중에서 덩치가 제일 큰 녀석답게 생각보다는 조금 높은 곳에 있구나 여겨졌다. 마른 나뭇가지를 동그랗게 엮었는데 우리나라의 어치 둥지와 흡사하다. 쌍안경으로 더 자세히 확인하고 싶은데, 높기도 하고 마침 강한 바람이 불어 나뭇가지들이 심하게 좌우로 흔들리면서 둥지를 자꾸만 덮으며 가리기 때문에 물때까치 둥지인지는 정확히 확인하기 어렵다. 쌍안경으로 들여다보면서 잠깐잠깐 바람에 흔들리는 나뭇가지 사이로 둥지에 새가 앉아 있는지 분간하느라고 한참 동안 씨름했다. 눈물이 나도록 눈을 부릅뜬 채 있자 쌍안경 속으로 언뜻 물때까치의 머리가 보일락 말락 한다. 물때까치 같다는 느낌이 확 드는 순간 가슴이 콩닥콩닥 뛴다. 나뭇잎이 무성한 나뭇가지가 바람에 흔들리면서 둥지를 가렸다가 보였다가를 반복하니 자세히 확인할 수 없어 애간장만 탄다. 심증으로는 물때까치의 둥지가 맞다. 그런데 확신할 수가 없다. 둥지에 있다면 아마도 포란을 하고 있을 게다. 한참을 그렇게 둥지 주인이 누구인지 확인하겠다고 씨름하는데, 둥지에 있던 녀석이 알을 굴리는지 몸을 들었다. 몸 전체를 둥지 위로 드러냈다.

"물때까치다!" 나도 모르게 순간 짧은 외마디가 터져나왔다. 그 녀석이 바람 소리에 내 목소리를 알아채지 못한 게 다행이다. 이제 확실하다. 난생처음 찾은 물때까치의 둥지다. 백두산 자락에서 본 물때까치 한 쌍이 번식을 하고 있다. 지금까지 찾은 둥지는 모두 우리나라에서도 찾아 촬영했던 둥지이기 때문에 크게 흥분되지 않았는데 이 둥지는 나에게 감회가 새롭다. 산 사진을 찍으면서 늘 힘들게 정상에 다다랐을 때 느꼈던 성취감 같은 게 느껴진다. 다만 아쉬운 게 있다면, 둥지 위치가 높아서 관찰하거나 촬영하기 편치 않다는 점과 귀국 예정일이 며칠 남지 않아 더 많은 물때까치의 생태를 볼 수 없다는 점이다. 그렇지만 백두산에서 번식하는 물때까치를 발견했다는 데에는 큰 의의가 있다. 비록 예상보다 시간은 더 걸렸지만 백두산에서 아홉 번째로 물때까치 둥지를 찾았다. 해가 서산으로 많이 기울었다. 김룡이 저녁 먹으러 가자고 졸라댈 시간이 되었다. 아쉬운 마음에 자꾸만 뒤돌아서 둥지 쪽을 쳐다보며 혹시 인기척에 암컷이 놀랄까 싶어 발소리가 나지 않게 조심조심 철수를 했다.

검은딱새

이튿날 아침이 되었다. 김룡과 같이 이도백하에 있는 '간단한 음식점'에서 쌀죽 한 공기와 만두 한 개, 그리고 삶은 달걀 한 개, 두유 한 잔으로 아침을 먹고 어제 찾은 여러 종류의 둥지 위치를 알려주려고 사 사장 집으로 갔다. 오늘은 쾌청한 날씨 덕에 남쪽 지평선 멀리 백두 평원 위 구름 사이로 백두산 정상이 깨끗이 잘 보인다. 아직 골짜기에는 겨우내 내린 눈이 녹지 않고 쌓여 있어 백두산의 웅장함을 뽐내는 듯하다. 사 사장은 그동안 찾아놓은 둥지를 확인하러 갈 채비를 하고 있었다. 둥지를 보고 싶은 마음을 숨기지 않고 들떠 있는 표정이 역력하다. 김룡은 자기 차를 운전해서 뒤따라왔으며 나는 사 사장 차를 타고 개울가로 내려갔다. 어제 둥지를 찾은 순서대로 위치를 확인해주면서 둥지 상황에 따라 어미의 활동에 방해되지 않도록 조심해야 할 것과 촬영하는 요령을 김룡을 통해 자세히 알려준 뒤 둥지 보호를 어떻게 해야 하는지 신신당부했다. 비록 작은 새들이기는 하지만 인간에게 없어서는 안 될 소중한 생명이기 때문이다. 즉 우리가 건강하고 안전한 삶을 영위하는 데 꼭 필요한 연결 고리인 것이다. 어느 한 생명이 멸종되어 지구상에

이도백하 보마촌에서는 반팔을 입고 다니는 초여름이지만 사 사장 집에서 바라본 백두영봉에는 잔설이 있다.

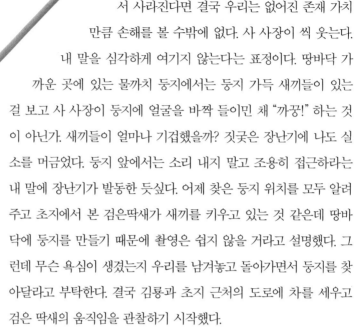

서 사라진다면 결국 우리는 없어진 존재 가치
만큼 손해를 볼 수밖에 없다. 사 사장이 씩 웃는다.
내 말을 심각하게 여기지 않는다는 표정이다. 땅바닥 가
까운 곳에 있는 물까치 둥지에서는 둥지 가득 새끼들이 있는
걸 보고 사 사장이 둥지에 얼굴을 바짝 들이민 채 "까꿍!" 하는 것
이 아닌가. 새끼들이 얼마나 기겁했을까? 짓궂은 장난기에 나도 실
소를 머금었다. 둥지 앞에서는 소리 내지 말고 조용히 접근하라는
내 말에 장난기가 발동한 듯싶다. 어제 찾은 둥지 위치를 모두 알려
주고 초지에서 본 검은딱새가 새끼를 키우고 있는 것 같은데 땅바
닥에 둥지를 만들기 때문에 촬영은 쉽지 않을 거라고 설명했다. 그
런데 무슨 욕심이 생겼는지 우리를 남겨놓고 돌아가면서 둥지를 찾
아달라고 부탁한다. 결국 김룡과 초지 근처의 도로에 차를 세우고
검은 딱새의 움직임을 관찰하기 시작했다.

둥지가 땅바닥에 있기 때문인지는 몰라도 검은딱새는 근처에 사
람이 나타나면 곧바로 둥지에 들어가지를 않는다. 공격하는 축구
선수가 방어하는 선수를 따돌리기 위해 공을 왼쪽으로 찰 듯 오른
쪽을 찰 듯 헛발질을 교대로 하는 기술과 흡사한 속임수를 쓴다. 먹
이를 물고 곧바로 둥지에 내려앉지를 않는다. 엉뚱한 곳에 내려앉아
눈치를 본다. 그러고는 또 다른 곳으로 장소를 옮긴다. 어떤 경우에
는 물고 있던 먹이를 마치 새끼에게 준 것처럼 땅에 내려놓고 나타
나기도 한다. 처음에는 그 속임수에 나도 깜빡 속았다. 나와의 거리
가 100미터 정도. 쌍안경으로 보지 않으면 참새보다 더 작은 녀석
이기 때문에 날아가는 곳을 제대로 확인할 수 없다. 암컷이 벌레를
물고 고만고만한 높이의 잡초 위로 나무 막대기처럼 우뚝 솟아 있
는 갈대 줄기에 앉아 내가 있는 쪽을 한참 쳐다본다. 가끔 쌍안경

드넓은 초지에 마른 풀줄기가
솟아 있는데 이곳에 앉은 검은
딱새 수컷의 모습이다. 이 녀석
은 주변을 살피기 위해 주로 이
렇게 조금 높은 곳에 앉는 버릇
이 있다.

속에서 눈이 마주친다. 이리 갈까 저리 갈까 두리번거리던 녀석이 쪼르르 10여 미터를 날아서 바닥에 내려앉는다. "옳지, 저기에 둥지가 있구나." 그렇지만 혹시나 싶어 한 번 더 기다려보기로 했다. 속임수를 쓰는 녀석이라는 걸 잘 알기 때문에 경솔하게 나서지 않고 기다렸다. 그런데 이 녀석이 내려앉은 곳이 아닌 엉뚱한 데서 홀쩍 날아오른다. "아, 이거 헷갈린다." 그런데 주둥이에 먹이가 없다. 새끼에게 먹이고 나온 것이 틀림없다. 마음속으로는 확신한다. 암컷이 날아오르고 바로 다음에 수컷이 날아와서 조금 전 암컷이 앉아서 망을 보던 그 갈대 줄기에 앉는 것이 보인다. "그렇지, 네가 가는 곳이 암컷과 똑같으면 그 자리에 둥지가 있는 것이 확실하다." 그 순간 나도 모르게 가슴이 두근거린다. 잠시 후 수컷은 암컷이 내려앉은 곳이 아닌 바닥에서 날아오르던 곳으로 내려앉는 것이 아닌가!

이제 짐작이 간다. 잡초가 무성한 초지에 작은 새가 바닥에 내려앉으면 보이지 않는다. 그리고 드넓은 초지를 쌍안경으로 보기 때문에 거리감으로 인해 종잡을 수 없다. 수컷이 날아 나가고 얼른 초지를 가로질러 그 녀석들이 내려앉은 곳으로 갔다. 아, 역시 거리를 가늠하기 어렵다. 그 녀석들이 앉은 곳에 어림짐작으로 도착해서 풀 속을 들여다봤지만 둥지를 찾을 수 없다. 그 주변에 바짝 엎드려 여기저기 찾아봤지만 끝내 둥지가 보이지 않는다. 하는 수 없이 돌아섰다. 그런데 이게 또 무슨 일인가? 마을 주민이 소를 세 마리 몰고 오는 것이 눈에 띈다. 하필이면 검은딱새 둥지가 있다고 짐작되는 곳으로 온다. 김룡을 불렀다. 주민에게 양해를 구해보라고 했다. 거구의 김룡이 뒤뚱뒤뚱 뛰어오더니 주민과 한참을 얘기한다. 다행히 그 주민은 순순히 소를 몰고 훨씬 더 먼 곳으로 갔다. 그렇게 소란을 피우는 와중에도 검은딱새 암수는 일정한 거리를 두고

초지 바닥에 감춰진 검은딱새의
둥지에 알이 보인다.

내 주변을 빙글빙글 돌며 경계한다. 내가 어림짐작하는 곳에 둥지가 있는 게 틀림없다. 조금만 더 인내심을 가지고 관찰하면 둥지를 찾을 수 있을 것 같다.

다시 도로에 세워둔 차 안에 들어가서 조용히 기다렸다. 잠시 후 검은딱새 암수가 또 움직인다. 같은 곳에 앉아서 경계하고 같은 장소에 내려앉는다. 몇 번을 봐도 같은 패턴이다. 확실하다. 녀석들이 경계하면서 앉은 곳과 날아 내리는 곳, 그리고 풀밭에서 날아 나가는 곳을 연결해보니 삼각형이 그려진다. 그 삼각형 안에 둥지가 있을 것이다. 쌍안경으로 보던 곳을 눈으로 직접 주변의 모양새를 확인하고 풀과 갈대의 생김새를 잘 기억하면서 다시 그곳으로 접근했다. 이번에는 녀석들이 내려앉아 경계하던 조금 높은 갈대를 찾았다. 그리고 가상의 삼각형을 머리에 그리면서 조심조심 둥지를 찾았다. 땅바닥에 있는 둥지는 내가 무심코 밟을 수도 있기 때문에 한 발 한 발 내딛는 발아래를 확인하면서 움직였다. 확신하고 들어왔는데 아무리 둘러봐도 둥지가 없다. 아, 탄식이 절로 나온다. 김룡이 차 밖으로 나와 서성이고 있다. 시계를 보니 벌써 점심시간이 다 되었다. 점심 먹으러 가자는 무언의 시위인 셈이다. 곧 철수했다. 오전 내내 공들였지만 예상외로 고전한 셈이다. 오후에는 작전을 바꿔야겠다. 시내로 가면서 머릿속이 복잡하다. 도로를 따라 늘어선 상가 음식점 간판 아래에는 제비들이 집을 짓느라 어지럽게 날고 들고 있다. 어떤 녀석은 식당 간판 외등 위에 둥지를 짓기도 하고 또 다른 녀석은 CCTV 카메라 위에 집을 지으며,

검은딱새 암컷의 모습인데 이름과 어울리지 않게 옅은 갈색이다.

식당 처마에 늘어진 전깃줄에 집을 짓는 녀석도 있다.

　영업하는 식당 출입문 위에 집을 짓는 녀석도 드나드는 사람을
전혀 경계하지 않는다. 주인도 그런 제비 때문에 불평하거나 둥지
를 훼손하지 않는다. 오히려 제비 똥이 떨어지는 것을 막기 위해 둥
지 바로 밑에 판자로 받침대를 덧대어놓는 배려에서 이웃의 정까지
느껴진다. 모두들 자연 그대로에 순응하고 더불어 살아가는 모습이
평화롭고 보기 좋다. 식당이 있는 시내에는 커피숍이 없어 식사 후
에는 곧바로 검은딱새 둥지를 찾던 곳으로 되돌아왔다. 그리고 오
전 내내 둥지를 찾지 못한 것은 너무 먼 거리에서 관찰했기 때문이
란 생각이 들어 방법을 바꾸기로 했다. 차에 싣고 다니던 위장텐트
를 꺼내 초지로 들어갔다. 오전에 검은딱새가 바닥에 내려앉던 데
서부터 멀지 않은 곳까지 접근해 위장을 쳤다. 둥지가 있으리라 예
상하는 곳까지의 거리는 불과 20미터 정도다. 이 거리에서는 쌍안
경으로 관찰하지 않고 직접 눈으로 확인 가능하다. 쌍안경은 가까
운 거리와 먼 거리의 간격을 가늠할 수 없다는 단점이 있다.

　하늘에는 간간이 구름이 지나가고 있지만 햇볕이 뜨겁게 내리쬐
고 있어 위장텐트 속이 점점 더 달아오른다. 초지의 풀들이 흔들릴
정도로 바람이 불고 있다고는 하지만 더위를 식히기에는 미진하다.
더위에 땀이 나는 것보다 검은딱새가 내 위장텐트에 적응하는 데
얼마나 오랜 시간이 걸릴까 하는 게 더 걱정이다. 넓은 초지 위에
갑자기 불쑥 솟은 내 위장텐트를 보고 경계를 늦추지 않을 것이다.
둥지에 새끼를 기르고 있는 새의 입장에서 보면 그동안 없던 이상
한 물체가 둥지 가까이에 덩그러니 솟아 있으니 얼마나 두렵고 생
소할까? 검은딱새 암수는 그런 위장텐트 주변을 한동안 맴돌고 있
다. 초조한 내 마음을 알 리 없는 녀석들은 둥지로 갈 생각을 하지

이도백하에 있는 식당 출입문
위 CCTV 카메라 위에 제비가
둥지를 만들었다. 주인은 이 둥
지를 훼손하지 않은 채 그대로
두었다.

외부에서 식당 안으로 설치된
전깃줄에도 제비가 둥지를 틀
었는데 기울지 않고 절묘하게
균형을 잡은 기술이 놀라울 뿐
이다.

식당 간판에 전등을 밝히기 위
해 설치한 전선줄 뭉치에도 제비
는 어김없이 둥지를 틀었다.

않고 텐트 주변만 서성인다. 그러다가 용기를 낸 녀석이 텐트 가까운 곳의 작은 풀줄기 끝에 날아와 앉아 동태를 살피다가 금방 또 먼 곳으로 날아간다. 그런 녀석들을 위장텐트에 달린 손바닥만 한 관찰 창문을 통해 보고 있으려니 속만 새까매진다. 새들은 움직임에 민감하다는 걸 잘 알기 때문에 위장텐트가 흔들리지 않도록 꼼짝 않고 있어야 한다. 그렇게 텐트 주변에서 경계하던 녀석들이 20분쯤 지나자 더 이상 날아오지 않고 먹이 사냥을 하는 모습이 보인다. 그러고는 먹이를 물고 둥지 가까이에 다가선다. 그렇지, 둥지로 내려앉아라! 주문을 하다시피 중얼거려본다. 그렇게 내려앉을 듯하다가 다시 멀리 날아간다. 그런 동작을 몇 번이고 했다. 애간장 탄다는 말이 이럴 때를 두고 한 것일 터이다. 한숨이 절로 나온다. 다시 20분쯤 흘렀을까? 이번에는 수컷이 벌레를 물고 날아왔다. 위장텐트를 한참 동안 보고 둥지 근처를 번갈아 보던 녀석이 홀쩍 바닥으로 내려앉는 모습이 눈에 띈다. 나도 모르게 눈을 부릅뜨고 수컷이 내려앉는 모습을 뒤쫓는다. 옳지, 그렇지! 그 녀석이 땅바닥에서 종종걸음을 한다. 그러고는 한 무더기의 마른 갈대가 쓰러져 있는 밑으로 들어간다. 옳거니, 저기가 둥지구나. 틀림없다. 그 녀석 들어갔나 싶은데 금방 빈 주둥이로 되돌아 나와서 몇 걸음 걷더니 후드득 날아간다. 드디어 찾았다! 약간 흥분된다.

끈질긴 기다림의 보상에 안도의 한숨이 나온다. 그렇지만 한 번더 기다려보기로 했다. 암컷이 그 자리에 들어오는지 확인할 필요가 있다. 만약 수컷이 속임수를 쓴 거라면 또 낭패를 볼 수 있다. 역시 암컷이 뒤따라 금방 날아왔다. 그러고는 수컷이 한 동작을 똑같이 하더니 갈대 더미 속으로 들어간다. 이제는 분명해졌다. 암컷도 빈 주둥이로 나왔다. 새끼들이 둥지에 있는 것이 확실하다. 암컷이 먹이 사냥을 하기 위해 멀리 날아가는 모습을 보면서 얼른 위장텐트에서 나와 그 갈대 더미로 갔다. 한 움큼의 누런 갈대 줄기가 땅바닥으로 눕혀져 있고 작은 굴속처럼 공간이 있다. 그 갈대를 살짝 들치면서 속을 들여다보니 동그랗고 주먹만 한 둥지가 모습을 드러냈다. 새끼들이 인기척에 놀라 둥지에 납작 엎드려 죽은 듯 누워 있다. 네댓 마리 되는 새끼가 둥지 한가득이었다. 자세히 확인한다고 잠깐 머물렀지만 더는 지체하기 미안했다. 황급히 돌아섰다. 그리고 다음에 찾아왔을 때 둥지 위치를 헷갈려하지 않도록 멀리서도 잘 보이게끔 둥지 근처에 잡초들보다 훨씬 더 높은 마른 풀줄기들을 세워두었다. 다행히 그때까지 부모들은 근처에 나타나지 않았다. 안심이다. 차가 있는 곳에 돌아와서 그렇게 둥지 근처에 세워둔 풀줄기를 확인했다. 쌍안경으로 잘 보인다. 이제 됐다. 사 사장에게 위치를 알려주면 된다. 김룡도 둥지를 찾은 것이 만족스러웠던지 불룩한 볼을 씰룩이며 웃는다. 백두산 자락에서 찾은 열 번째 둥지는 검은딱새다. 둥지를 찾은 새 중 제일 작은 녀석인데도 생각보다 시행착오가 많았고 고심했던 면도 가장 많았던 것 같다.

7_
새들의 버릇을 알아가는 즐거움

　번식하는 새들은 저마다 독특한 습성을 지니고 있다. 그런 습성을 아는 것이 둥지를 찾는 데 커다란 도움이 된다. 그러려면 새를 뒤따라다니면서 관찰해야 하는데 그 일이 생각처럼 만만치가 않다. 우리나라에서는 아직 번식 기록이 없는 잿빛개구리매의 둥지를 찾는다고 일주일 동안 백두 평원에 있는 습지를 헤맸으면서도 둥지를 찾지 못한 것은 그 새의 습성을 모를뿐더러 습지의 생태도 생소하기 때문이다. 몽골 습지와 러시아 습지가 다르고 이곳 백두산 습지 또한 그 형태가 다르기 때문에 막연히 습지에서 번식한다는 상식만으로는 둥지를 찾는 데 한계가 있다. 몇 킬로미터씩 이어지는 습지에서 잿빛개구리매가 습지의 어떤 곳을 좋아하는지 그 습성을 전혀 알지 못하기 때문에 며칠 동안 헤매고 다녔지만 둥지를 찾지 못했다. 만약 이곳 습지에서 한 번이라도 잿빛개구리매 둥지를 봤다면 무작정 그 넓은 습지를 다 찾아 헤매지는 않았을 것이다.

　여름에 우리나라를 찾아와 번식하고 가을이면 인도네시아나 보르네오 같은 남쪽 나라로 내려가 겨울을 보내는 여름 철새인 팔색조가 있다. 이 새는 2006년만 해도 제주도와 육지의 최남단인 보길도, 그리고 거제도 등에서만 볼 수 있었다. 당시에는 이 새를 보기 위해 제주행 비행기를 타거나 장거리 운전을 해서 남쪽으로 내려가야만 했다. 제주도에 간다고 해서 이 새를 과연 어디에서 볼 수 있을지 막막했지만 마침 이 새를 관찰하고 둥지를 직접 찾아서 촬영하는 지인과 연락이 닿았다. 그러니까 둥지를 찾아놓고 촬영을 위한 위장막까지 쳐둔 곳에서 카메라만 들고 들어가 힘 하나 안 들이고 사진만 찍은 셈이다. 기억으로는 사진을 찍기 전에 처음 보는 이 새의 일곱 가지 색깔 때문에 얼마나 황홀했던지 사진 찍을 생각도 잊을 만큼 넋을 잃었다. 처음 찾아간 2004년에 촬영한 팔색조는 한 아름의 소나무 줄기가 높이 1미터쯤에서 세 갈래로 갈라진 가운데 공간에 마른 나뭇가지를 쌓아올려 그 위에 파란 이끼로 둥근 공 모양의 둥지를 만들고 새끼를 키우고 있었다.

그동안 많은 둥지를 봤지만 이렇게 공 모양의 독특한 둥지는 무척이나 신기했다. 이듬해에는 계곡의 작은 절벽 바위틈에 있는 팔색조 둥지를 촬영했다. 대부분의 팔색조는 계곡의 작은 바위 위에 둥지를 만든다고 들었다. 내가 직접 둥지를 찾은 것은 아니지만 이때 봤던 둥지의 모습과 둥지를 짓는 장소를 선택하는 습성 및 이들의 아름다운 소리에 대한 경험이 있었기에 그 후로 몇 년이 지난 2007년 여름에는 남쪽이 아닌 중부 지방에서 직접 둥지를 찾아보기도 했다. 정확히 말하면 제주도에서 촬영하고 3년 뒤 남쪽뿐만 아니라 중부 지방에서도 팔색조 소리가 들린다는 제보가 이곳저곳에서 들려왔기 때문이다. 천연기념물로 지정되어 있고 희귀한 여름철새가 내가 살고 있는 가까운 곳에도 찾아온다는 데 몹시 흥분했다. 제주도의 번식 환경을 생각하며 이들이 찾아올 만한 숲속과 계곡을 다니기 시작했다. 이들이 어떤 곳에서 먹이활동을 하고 어떤 곳에 둥지를 만드는지 직접 보고 촬영했던 경험이 없었으면 아마도 선뜻 찾아 나서지 못했을 것이다. 그러나 섣부른 자신감으로 발길은 뗐지만 그해에는 팔색조가 숲속을 지나가는 모습과 산자락에서 메아리치는 우렁차고 독특한 소리만 들었을 뿐 끝내 둥지는 찾지

제주도에서 처음 만난 팔색조
(천연기념물 제204호)의 둥지
모습이다. 제법 굵은 소나무 줄
기 사이에 둥지를 텄으며, 암컷
이 포란 중이었다.

숲속에서 나무와 나무 사이로
낮게 날아다니는 팔색조는 먹이
사냥을 주로 땅바닥에서 하기
때문에 비행 높이가 2미터 안팎
이다. 주변을 경계할 때에도 낮
은 곳을 좋아한다. 사진의 이 녀
석도 관찰자의 인기척에 관심을
보이며 근처 낮은 나무에 앉아
주변을 살피는 중이다.

부화한 새끼들에게 먹이를 주는
팔색조 어미의 모습으로, 화려
한 깃털 색깔 때문에 마음을 빼
앗긴 기억이 떠오른다.

한라산 작은 계곡 옆에 있는 소
나무 줄기가 세 갈래로 나 있는
곳에 둥지를 만들었다. 나무 위
에 둥지를 만들면서도 배수가
잘되는 구조가 되도록 신경 쓴
것이 이채로웠다.

한라산 나무 위에 둥지가 있던
계곡이 아닌 건너편 계곡 작은
바위 위에 만든 팔색조 둥지다.
이들은 이미 새끼가 부화한 상
태에서 만났다.

못했다. 팔색조 소리도 듣고 모습도 봤으니 둥지를 찾을 수 있겠다는 기대감이 컸던 까닭에 실망도 그만큼 컸다. 몇 날 며칠을 산속에서 헤매다가 지쳐 포기했을 때의 실망감과 허탈감은 이루 말할 수 없었다. 이들이 어디에 둥지를 만드는지 종잡을 수 없다는 것이 믿기지 않을 정도였다. 물론 제주도의 계곡과 육지의 계곡 형태가 다르기 때문에 더 헷갈렸는지도 모른다.

그렇게 실망하고 있던 2008년 6월의 어느 날이었다. 광릉수목원에서 팔색조 소리가 들린다는 제보를 받았다. 수목원은 출입이 제한되어 있어 미리 예약해야 하는 것은 물론이고 들어가는 시각과 나오는 시각도 정해져 있다. 그런 제약 탓에 새를 관찰하는 것뿐 아니라 둥지를 찾는 것이 마음대로 될 리 없다. 먼저 새를 봤다는 곳으로 안내받았지만 그곳은 팔색조가 둥지를 틀 만한 장소가 아니었다. 아마도 먹잇감을 사냥하러 다니는 녀석을 발견한 듯싶었다. 그렇다고 무작정 그 넓은 수목원을 샅샅이 뒤질 수도 없는 노릇이었다. 먼저 목격되었다는 곳에서 조용히 앉아 기다리는 수밖에. 언제 나타날지 모르는 녀석을 하염없이 기다리는 것처럼 막막한 일도 따로 없다.

수목원에 찾아온 사람들이 오가면서 힐끗거린다. 꼼짝 않고 앉아서 계곡만 쳐다보고 있으니 거기에 뭐가 있나 하고 궁금해하며 기웃댄다. 그냥 모른 체하고 지나가면 좋으련만, 내 마음 같지 않다. 시간은 흐르고 수목원 문을 닫을 시간이 다 되어가는데 둥지를 찾을 만한 단서는 하나도 얻지 못해 점점 더 초조해진다. 그런 마음도 모른 채 어떤 사람은 말을 걸어오기도 한다. "계곡에 뭐가 있나요?" 못 들은 척할 수도 없다. "네, 무슨 새가 있을까 해서 보고 있어요." 더 이상 물어보지 못하도록 얼른 고개를 돌린다. 정직하게 대답하면 말이 길어진다는 것을 알기 때문에 되도록 말을 끊는다. 만약 "팔색조를 찾고 있어요"라고 대답하면 팔색조가 뭐냐, 그런 새가 있느냐, 어떻게 생겼느냐 등등 말꼬리를 잡고 대화가 길어진다. 그러면 대답을 안 해줄 수도 없고 난감해진다. 새를 찾는 것이 아니라 새를 쫓는 결과가 되기 십상이다. 숲속으로 날아다니는 새는 주변을 경계한다. 특히 번식하는 새들은 더 민감하다. 조용히 앉아 있어도 경계를 하는데 하물며 사람들 말소리가 있는 곳으로 스스럼없이 찾아올 리가 없다. 지금 내가 위장도 하지 않은 채 노출 상태로 앉아 있는 것도 잘하는 짓이 아니다. 하지만 오가는 사람이 빈번한 곳에서 혼자만 위장하고 있는 것은 별 효과가 없으니 어쩌겠는가? 그렇다고 숲속에 들어가서 위장하고 있으면 시야가 좁아지기 때문에 새의 움직임을 사방으로 다 볼 수가 없다. 앞을 보고 있는데 뒤에서 날아가면 헛수고를 하고 있는 것. 새들이 무언가 경계할 때에는 소리가 없기 때문이다.

이튿날 새를 보지 못해 더는 새의 움직임으로 둥지 위치를 가늠할 수 없기 때문에 직접 숲속과 계곡을 다니며 둥지를 찾기로 했다. 제주도에서 본 둥지를 생각하며 계곡을 오르내렸다. 쉽게 찾으리라 기대하진 않았지만 역시 찾지 못했다. 계곡 너머 또 다른 계곡으로 건너갔지만 팔색조 둥지 비슷한 것조차 보지 못했다. 결국 사흘 동안 광릉수목원에 있는 계곡과 능선을 넘나들며 흘린 땀은 무위로 돌아갔고 둥지가 있을 만한 어떤 단서도 얻지 못했다. 그 며칠 팔색조 소리를 몇 차례 들었던 까닭에 거기에 홀려 숲속을 헤맸는지도 모른다. 그랬음에도 불구하고 결국 출입에 제한을 받는 공원에서 새를 찾는 것은 더는 시도하지 말아야지, 하며 스스로 위안 삼기도 했다.

그런 일을 겪은 지 2년 후, 그러니까 2010년 봄이었다.

충남 서산의 천수만을 끼고 있는 야산 계곡을 찾아갔다. 혹시 광릉수목원에서 찾지 못했던 팔색조 둥지를 여기서는 발견할 수 있지 않을까 하는 기대를 품고 말이다. 해발 300미터 정도로 아담한 야산이지만 숲이 제법 울창하기도 하고 산허리를 가로지르는 임도로 차가 오를 수 있어 탐조에 불편이 없던 게 결정적인 계기가 되었다. 시내 변두리에 방을 하나 얻어 자취생활을 하면서 겨울이면 천수만에서 겨울 철새인 오리를 사냥하는 참매의 매 순간을 촬영했고 봄에는 주로 산새들의 번식을 보기 위해 숲속을 다니며 둥지를 탐색했다. 몇 해를 그렇게 보내노라니 그동안 촬영하지 못했던 새 둥지를 찾기 위해 점점 많은 시간을 들이게 되었다. 그럴 즈음 큰 기대 없이 오른 이곳 야산에서 우연히 팔색조 소리를 듣자 다른 새들의 둥지는 눈에 들어오지도 않았다. 관심은 오로지 팔색조 둥지로만 향해 있었다.

아침에 찾아와 해질녘 산을 내려갔다. 팔색조 둥지를 찾는다고 하루 종일 카메라는 꺼내보지도 못할 때가 허다했다. 아니 둥지를 찾을 때까지는 카메라를 꺼낼 생각조차 하지 않은 게 솔직한 심정이다. 그렇지만 광릉수목원에서 실패했던 기억이 남아 있어 처음부터 서두르지는 않았다. 이 야산에는 나무가 꽤 울창해서 제주도의 숲과 흡사한 조건을 갖추었고 크고 작은 계곡이 네 개나 있었다. 모든 조건이 팔색조가 둥지를 틀 만한 곳이라는 심증을 갖게 했다. 그래서 그 계곡들 중간을 관통하고 있는 임도 갓길에 차를 세우고 조용히 팔색조 소리를 기다렸다. 산허리를 가로지른 임도는 자연스레 계곡도 가로질렀기 때문에 임도 위쪽과 아래쪽 계곡 모두에 둥지가 있을 가능성이 있다. 처음에는 팔색조가 둥지를 만드는 곳 근처에 충청도의 울창한 야산 중턱, 경사진 바닥에 둥지를 만든 팔색조 한 쌍이 부화한 새끼들을 돌보고 있다. 둥지 주변으로는 팔색조와 같은 푸른색 풀이 깔려 있어 훤히 보이는 땅바닥이지만 위장이 잘되어 둥지를 찾는 데 많은 시간이 들었다.

화물차 정도의 크기인 바위 옆에 기대어 만든 팔색조 둥지다. 이곳 역시 주변에 푸른색 풀들이 자연스럽게 둥지를 위장하고 있는 모습에서 땅바닥의 둥지와 공통점을 발견할 수 있다.

강원도 야산에 있는 커다란 참나무 줄기 사이에 만든 팔색조 둥지다. 이곳도 둥지가 자연스럽게 참나무를 타고 올라간 넝쿨 나뭇잎으로 가려져 있어 땅바닥과 바위 사이에 만든 둥지와 함께 위장 성격을 띠고 있다.

충청도 야산 계곡 옆으로 덩그렇게 솟은 바위 위에 둥지를 틀었는데 이 녀석은 바위 색과 둥지를 짓는 마른 나뭇가지 색으로 위장한다고 한 것 같다. 결국 그 솜씨에 속아서 이 바위 앞으로 수없이 지나다니면서도 둥지를 찾지 못했었다.

숲이 울창한 계곡에서 흐르는 물에 목욕하고 있는 팔색조. 산새들은 모두 이렇게 계곡물에서 목욕을 한다.

팔색조는 암수가 서로 떨어져 있을 때 다른 한쪽을 부르거나 위치를 확인하는 소리를 내는 버릇이 있다. 사진 속 팔색조도 먹이를 입에 물었는데 짝이 보이지 않자 먹이를 물고 있는 채로 소리를 냈다.

서 소리를 낼 것으로 짐작했다. 그렇게 한나절을 기다렸을까. 고도가 제일 낮은 임도 아래쪽에서 소리가 들렸다.

"호이잇, 호이잇!"

제주도에서 들었던 그 팔색조의 우렁찬 소리다. 나도 모르게 가슴이 뛴다. 정말 이 숲속에 팔색조가 있을까? 반신반의하면서 기다렸는데 정말 있구나. 감개가 무량하다. 마치 둥지를 찾은 양 희열을 느낀다. 두근두근 뛰는 가슴을 진정시키고 또 기다렸다. 한 번 더 소리를 듣고 녀석의 정확한 위치를 확인하기 위해서다. 그로부터 두 시간이 지났을까. 같은 장소에서 또 소리가 들린다. 더 기다릴 것 없이 차를 되돌려서 아래쪽으로 내려갔다. 제일 낮은 곳에 있는 계곡 근처에 차를 세웠다. 임도 위쪽일까 아래쪽일까? 목표물의 위치가 점점 더 좁혀지는 듯해 흥분된다. 임도의 산 아래쪽에는 작은 마을이 있다. 강아지 짖는 소리가 들린다. 그 마을을 휘돌아나가는 개울이 바로 이 계곡에서 시작된다. 임도 위쪽으로는 숲이 울창하고 산 정상 쪽으로는 노송이 즐비하다. 과연 나무줄기 사이에 둥지를 만들었을까, 아니면 계곡의 바위 위에 둥지를 틀었을까, 혼자 머릿속에 그려보면서 애써 흥분을 누른다. 마치 둥지를 다 찾은 양 성급해진다. 해는 서산으로 기울고 숲속은 그림자로 가려졌다. 오늘은 여기까지. 마음은 얼른 둥지를 찾고 싶지만 내일 다시 오면 된다. 5월 말의 숲속은 고요하고 되지빠귀 소리만 시끄럽게 울려댄다. 멀리서 뻐꾸기가 쉬지 않고 울음소리를 낸다. 임도로는 마을 주민들이 산책하기도 하지만 숲속으로는 들어가는 이가 없어 조용히 둥지를 찾기에는 안성맞춤이다. 서두를 것 없다. 스스로 마음을 다독인다.

이튿날 마음이 급해져 해가 산 위로 떠오르기 전에 어제 머물렀던 첫째 계곡 근처 임도에 차를 세웠다. 그리고 팔색조 소리를 기다렸다. 마음 같아서는 얼른 계곡으로 들어가 둥지를 찾아보고 싶지만 임도 위쪽인지 아래쪽인지 알 수 없는 상태에서 위아래를 다 돌아다니는 일은 감당하기 힘들다. 급한 마음을 꽉 다잡고 기다렸다. 두 시간이 흘렀을까. 임도 아래쪽에서 기다리던 팔색조 소리가 들린다. "호이잇 호이잇!" 그 소리에 가슴이 먼저 알아듣고 콩닥콩닥 뛴다. 바로 옆에서 우는 것 같다. 그렇게 크게 들은 것은 처음이다.

됐다! 추격의 실마리를 찾은 것이다. 자신감이 솟는다. 이제 기다릴 것 없이 임도 아래쪽 계곡으로 들어갔다. 사람이 다니지 않는 곳이라서 길이 나 있지 않다. 덤불가시가 발길을 막는다. 다시 돌아서서 차에 있는 낫을 들고 왔다. 찔레꽃 나무 위로 칡넝쿨이 뒤덮여 있다. 낫으로 그 넝쿨을 쳐내면서 길을 만들었다. 낫으로 칡넝쿨을 칠 때마다 먼지가 휘날린다. 칡넝쿨 잎에 묻어 있던 먼지가 땀으로 범벅된 얼굴에 사정없이 달려든다. 찔레꽃 가시가 낫을 든 내 팔뚝을 할퀴며 저항한다. 새소리에 현혹되어 겁도 없이 뛰어들었다가 1미터도 전진하지 못하고 헉헉거리기 시작한다. 앞을 보니 칡넝쿨이 시위를 하기 위해 모여든 군중같이 도전적으로 보인다. 난감하다. 땀을 닦으며 한참을 그렇게 칡넝쿨 더미를 바라보다가 생각했다. '팔색조는 이런 넝쿨이 우거진 곳에 둥지가 없었지. 이런 수고를 할 이유가 없는데 뭐 하고 있는 거지? 바보같이, 이런 곳은 돌아가면 되는 것을……' 나 스스로에게 속삭이며 돌아섰다.

계곡 옆으로 돌아서 숲으로 우회해 계곡 아래쪽으로 갔다. 모내기를 마친 논두렁으로 물이 흘러 들어가는 곳까지 내려섰다. 그리고 그곳으로부터 다시 계곡을 따라 산 위로 올랐다. 계곡 옆에 늘어선 굵은 소나무 가지 사이도 살피고 계곡 바닥에 널브러진 바위 위도 살피면서 천천히 올랐다. 칡넝쿨을 쳐내는 소리에 놀라서 달아났는지 그 후로 팔색조 소리가 들리지 않았다. 훤히 보이는 계곡으로 오르다가 칡넝쿨이 우거진 계곡이 나타나면 우회해서 산등성이 쪽 나무 사이로 올랐다. 계곡이라봐야 물이 거의 없어서 물소리조차 들리지 않는 작은 것이다. 그래도 계곡 위로 제법 커다란 나무들이 울창해서 햇볕을 막고 있다. 그늘진 곳 계곡에 있는 작은 바위에는 어김없이 파란 이끼가 잔뜩 끼어 있다. 팔색조가 찾아들 만한 계곡이라는 데는 의심할 여지가 없다. 땀을 닦으며 올라가다보니 임도가 나타났다. 주차해둔 내 차가 보인다. 또 헛수고를 했다. 곧 둥지를 찾을 듯 콧노래를 부르며 계곡으로 내려섰는데 아무것도 얻지 못한 채 원위치로 돌아왔으니, 허탈하고 조금은 계면쩍다. 찔레나무 가시에 할퀸 팔뚝의 상처가 새삼스레 따끔거린다. 해는 중천에 떠서 히죽거리며 비웃는 듯 보인다. "그럼 그렇지. 소리를 들었다고 금방 둥지를 찾는다면 희귀하다는 팔색조가 아니지!" 스스로를 위안하며 자동차 옆에 앉아 준비해간 점심을 먹으면서 또다시 팔색조 소리를 기다렸다. 점심을 다 먹고 나서도 오후 4시가 될 때까지 온 신경을 귀에 모으고 기다렸지만 소리는 들리지 않았다. 여기저기서 지빠귀 소리, 멧비둘기 소리, 뻐꾸기 소리, 오색딱다구리 소리, 마을의 개 짖는 소리, 비행 훈련하는 폭격기가 산마루를 스치듯 날아가는 굉음, 임도를 따라 산책하는 마을 사람들의 두런거리는 소리만 들려왔다. 갓길에 늘어선 찔레나무 속으로 이동하는 붉은머리오목눈이의 "츠스츠스" 하는 소리는 마치 어린아이들이 재잘거리는 소리 같다고 생각하는 와중에도 내 신경은 온통 팔색조 소리가 들리기만 바라는 심정으로 가득했다. 산속에서 들리는 소리 중에는 산마루 쪽에서 나무 솎아베기를 하는 인부들의 기계톱 돌아가는 소리도 섞여 있어 하루 종일 마음을 불안하게 했다. 혹시나 팔색조 소리가 나는 계곡 쪽으로 나무를 베러 인부들이 오는 것은 아닐까 싶어서다. 그로부터 또 한 시간이 흘렀다. 해가 서산으로 많이 기울었다. 나무들의 그림자가 길게 바닥에 드리웠다. 철수를 해야 하나 고민하고 있을 때였다.

이번에는 뜻밖에도 임도 위쪽에서 팔색조 소리가 들린다. 청명하고 높은 소리가 먼저 들리고 뒤따라 목쉰 듯한 조금 낮은 소리가 또 한 번 들렸다. 두 소리는 분명 다르다. 암수일까? 오전에는 임도 아래쪽에서 울었는데 오후에는 위쪽에서 운다. 둥지는 위쪽에 있는 걸까? 임도 위쪽은 아래쪽보다 계곡이 길고 숲은 넓다. 혼란스럽다. 소리가 들리던 곳은 분명 계곡이 아닌 계곡보다 높은 숲속이다. 생각이 복잡해진다. 철수하려던 생각을 물리고 더 기다려보기로 한다. 그런데 귀를 쫑긋 세우고 아무리 기다려도 소리는 다시 들리지 않았다. 아직 기회는 많다. 조급하게 생각하지 말자. 철수하려고 준비하고 있는데 작업 차가 한 대 내려오더니 내 차 옆에 멈춘다. 곧 인부들이 우르르 내려서는 풀 베는 전동 기구를 돌린다. "왜에엥!" 한쪽에서는 갓길의 무성한 넝쿨과 잡초를 베는 와중에 반장인 듯한 분이 내게 말을 건다. "뭐 하시는 분인가? 하루 종일 여기에 있었던 것 같은데" 하며 모자를 벗어 툭툭 턴다. 나도 그들의 작업 내용이 궁금하던 차에 잘됐다 싶어서 마주 섰다.

"네, 새 둥지를 찾아서 촬영할까 합니다."

내 대답에 궁금증이 확 풀렸다는 듯 환하게 웃는다.

"아! 새 둥지요? 그래, 뭐 찾았어요?"

"아니요, 아직 찾는 중이에요." 그러고는 얼른 화제를 돌려서 내가 궁금해하는 걸 물었다.

"무슨 작업을 하고 계세요?"

"어, 간벌(나무 솎아베기)하고 있소."

"언제까지 하는데요?"

"내일이면 다 끝나요."

"그럼 이 골짜기도 하시나요?" 하면서 팔색조 소리가 나던 산 위를 가리키며 물었다.

"여기는 작업 안 해요."

여름 철새인 되지빠귀가 훤히 보이는 나뭇가지 사이에 둥지를 만들고 있는데 다른 한 마리는 그 주변에서 소리를 내기도 한다.

울창한 잡목 속에 둥지를 만든 되지빠귀가 부화한 새끼들을 돌보는 중이다. 이들은 팔색조와 같은 시기에 번식하기 때문에 숲속에서는 이들의 노랫소리가 끊이지 않는다.

되지빠귀도 팔색조처럼 땅바닥에서 먹잇감을 찾기 때문에 팔색조가 번식하는 곳이면 이들도 어김없이 발견된다.

팔색조 한 쌍이 서로 먹이를 사냥해서 둥지 근처로 왔다. 이들이 이렇게 서로 만나면 소리를 내지 않기 때문에 결국 주변이 조용해져 이들을 추적하기가 매우 어려워진다. 그래서 이들이 만나기 전에 서로 소리로 신호를 보내는 이들의 버릇을 잘 살피는 게 둥지를 찾는 지름길이다.

그 대답에 내색은 하지 않았지만 초조했던 마음이 한순간에 풀린다. 혹시나 이분들이 이 산까지 작업한다고 하면 어쩌나 싶어 걱정했는데 참 다행이다.

"그러세요? 날도 더운데 고생이 많으시네요."

"뭘, 늘 하는 일인데요. 그런데 내가 당진 쪽에서 새매 둥지를 봤는데……" 하시며 내 눈치를 살핀다.

새매를 아신다고? 그동안 둥지를 찾으려고 노력했지만 아직 찾지 못했던 새매 이야기를 꺼내니 나는 놀라는 한편 의심이 들었다. 전문가들도 아직 둥지를 보지 못했는데 어떻게 새매인 줄 아는 걸까?

"확실히 새매던가요?"

의심 가득한 목소리를 눈치챘지 싶다.

"확실해요. 매부리를 봤거든요." 목소리가 커졌다.

"둥지가 어디에 있었나요?"

"소나무 숲에 간벌한 나무 밑동에서 잔가지가 무성히 올라온 가운데에 둥지가 있었지."

그래서 작업하는 인부들에게 그 둥지를 건드리지 말라고 지시까지 했다는 말도 덧붙인다.

"그래요? 장소를 알려줄 수 있어요?"

"아마 설명해도 찾아가지 못할걸요."

나도 꼭 찾아갈 마음은 없었다. 새매는 침엽수 높은 곳에 둥지를 만드는 것으로 알고 있는데 설명하는 곳은 활엽수를 베고 난 그루터기로 낮은 곳에 있다고 하니 새매라는 심증이 가지 않아서다.

"아쉽네요. 다음에 둥지를 보면 알려주세요" 하면서 명함을 한 장 건넸다.

명함을 한참 들여다보더니,

"사진 찍어서 밥벌이가 돼요?" 하고 묻는다.

순간 당황했다. 어떻게 대답해야 하나.

"잘 안 되지요. 그런데 간벌을 꼭 봄에 해야 하나요? 새들이 번식하는 시기를 피하면 좋을 텐데요."

더 곤란한 말이 나올까봐 얼른 말을 돌렸다.

"우리는 잘 몰라요. 그저 시키니까 작업하는 거지요."

"네, 그럼 수고하세요."

풀 베는 기계 돌아가는 요란한 소리를 뒤로하고 산을 내려왔다. 그래도 다행이다. 내가 관심 갖고 추적하는 산등성이와 계곡으로는 작업을 하지 않는다니까 한시름 놓았다.

그렇게 팔색조 소리를 들으며 둥지를 찾겠다고 산을 헤맨 지 한 달이 다 되었다. 날마다 되풀이되는 팔색조와의 숨바꼭질에 지칠 만도 하지만 이때부터는 점점 오기도 생기고 둥지를 제법 찾을 줄도 알며 촬영도 많이 했다는 얄팍한 자존심이 생겨 뒤로 물러서기 힘들었다. 다른 촬영가들은 이미 이런저런 새의 둥지를 찾아 새끼들의 앙증맞은 모습을 카메라에 담고 있다는 소식을 들으니 초조해지는 마음도 들었지만, 어쩐 일인지 이때부터는 촬영보다 새 둥지를 찾는 일에 점점 더 매료되어 있었다. 매일 같은 산으로 올라가서 하루도 빠짐없이 팔색조 소리를 들으며 어느 때는 움직임을 파악하기 위해 임도에서 기다리기도 하고, 어느 때는 직접 소리 나는 숲속이나 계곡으로 돌아다니며 둥지를 찾는 것이 마치 어릴 적 소풍 갔을 때 보물찾기를 하면서 설레던 기억을 떠올리게 했고, 시간을 훌쩍 건너뛰어서는 군 시절 수색 훈련할 때 가상의 적을 찾아 산과 들을 누비던 짜릿한 긴장감을 되살리기도 했다. 이렇듯 매일 조금씩 새로운 새들의 습성을 알아가는 과정이 더 흥미로웠는지 모른다.

지금 찾고 있는 팔색조도 그렇다. 처음에는 제주도에서 번식하는 습성을 기준으로 삼았는데 시간이 갈수록 제주도에서와의 다른 점을 발견하면서 깨닫게 되는 경험이 더 흥미진진했다. 그래서 날로 의욕이 앞선 것 같다. 그러니 중도에 둥지 찾는 걸 포기할 수 없었다. 뭔가에 홀린 사람처럼 자꾸만 매력에 푹 빠지는 것을 어찌할 수 없었다. 설렘과 긴장감을 즐기면서 둥지를 촬영하는 것보다는 둥지를 찾는 데 더 심취했는지도 모른다. 팔색조 둥지를 찾는다고 한 달여 산을 누비고 다니면서 되지빠귀 둥지, 때까치 둥지, 흰배지빠귀 둥지, 호랑지빠귀 둥지, 큰유리새 둥지, 물까치 둥지, 큰오색딱따구리 둥지, 동고비 둥지, 어치 둥지, 멧비둘기 둥지, 긴꼬리딱새 둥지 등을 곁가지로 찾게 되었다.

이들 모두 이 시기에는 알을 품고 있거나 부화된 새끼를 기르고 있었지만 이들의 둥지 촬영을 위해 잠깐 시간을 내는 것도 아까웠다. 오로지 팔색조 둥지를 찾는 데만 전념했다. 다만 지나고 보니 사진으로 남는 건 거의 없어서 한편으로는 서운하기도 했다. 그러나 기록으로는 남지 않았어도 둥지를 찾는 요령과 새들의 습성을 알게 된 것이 더 값지다는 생각에는 변함없다.

그렇게 6월 한 달 동안 팔색조 둥지를 찾지 못하고 7월로 접어든 이른 아침, 오늘 마지막으로 도전해보고 둥지를 찾지 못하면 올해는 접고 내년에 다시 찾아보기로 마음먹고 산으로 올랐다. 팔색조가 보통 5월부터 우리나라를 찾아와 번식을 시작한다고 보면 7월 쯤 새끼들이 둥지를 떠날 시기가 되기 때문에 더 이상 미련을 갖지 않기로 한 것이다. 그래서 마지막으로 그동안 소리가 가장 많이 나던 임도 위쪽 산등성이에 위장텐트를 치고 기다려보기로 했다. 임도와 산꼭대기의 중간쯤 되는 곳에 자리를 잡았는데 산 위에서 아래로 완만하게 경사가 져 있었다. 위로는 굵은 소나무와 활엽수가 울창하게 섞여 있으며 아래로는 너덜지대가 훤히 보이는 곳이다. 여기서 가끔 팔색조 모습이 목격되기도 하고 소리가 많이 들리기도 했다. 여름 장마철인데도 비가 많이 내리지 않아 물이 부족하다며 가뭄 걱정을 하던 때였다. 시원한 바람이 나뭇잎을 흔드는 소리와 울었다가 그치기를 반복하는 멧비둘기 소리, 그리고 되지빠귀와 직박구리 소리를 산속에서 가늠하며 나른하게 긴장을 풀고 있었다. 위장텐트를 치고 한 시간 반 지났을까? 10여 미터 아래쪽 너덜지대에서 "후르륵" 하고 산 아래 계곡 쪽으로 팔색조 한 마리가 낮게 날아가는 것이 환상처럼 눈에 들어왔다. 분명 날아드는 것을 보지 못했는데 어떻게 10여 미터 앞에서 소리도 없이 툭 튀어 날아 나갈까? 내 눈을 의심했다. 한 달여 이곳을 수십 번 오르내렸는데 설마

저 땅바닥에 둥지가 있는 것은 아니겠
지? 먹이를 사냥하러 왔겠지? 날아
나간 그 녀석이 계곡 앞에 있는
낮은 칡넝쿨에 앉아서 목을 길게
뺐다가 집어넣는 특유의 경계 동
작을 하고 있다. 먹이를 물지는 않았
다. 믿기지 않는 녀석의 등장에 바짝 긴

장해서 그 특유의 경계하는 몸짓을 둥지 근처에서 주로 한다는 것
을 잠시 간과했다. 카메라 없이 쌍안경만 들고 왔기에 녀석의 다음
행동을 지켜볼 뿐이었다. 그렇게 한참을 경계하던 녀석이 훌쩍 계
곡 밑으로 사라졌다.

이게 꿈인가 현실인가 도저히 믿기지 않아 날아 나간 곳에 기볼
생각을 못 하고 더 기다려보기도 했다. 둥지가 그곳에 있다면 분명
또 올 게 뻔하기 때문이다. 아니나 다를까, 한 시간 쯤 지나 그 칡넝
쿨에 거짓말처럼 팔색조 한 녀석이 같은 자리로 날아와 앉았다. 이
번에는 먹이를 입에 물고 있었다. 온몸에 소름이 돋았다. 이 근처에
둥지가 있는 것이 확실해졌다. 이 순간을 얼마나 기다렸던가! 그런
데 먹이를 물고 나타난 녀석이 그 자리에 앉아
목을 위로 길게 올렸다 내리기를 반복하면서
내 위장텐트 쪽을 살핀다. 무려 20분이 지나
도록 그 동작만 되풀이하고 있다. 내 속이 바짝바짝
타들어간다. 물고 온 벌레가 처음에는 꿈틀꿈틀 움직
였는데 이제는 조용하다. 이럴 때는 내가 어떻게 해야 하
지? 저 녀석이 보는 앞에서 위장텐트를 걷고 일어날 수도 없
다. 그저 꼼짝 않고 기다리는 수밖에. 그렇게 숨 막히는 기다

자주 목격되었던 장소에서 혹시
나 싶어 팔색조의 녹음된 소리
를 틀었다. 이 소리를 듣고 어떻
게 반응하는지 그 행동을 보면
이들이 지금 둥지를 만드는지,
알을 낳고 있는지, 아니면 새끼
를 기르고 있는지 가늠할 수 있
어서다. 그런데 녹음 소리가 나
자마자 잠깐의 틈도 주지 않고
사진 속의 이 녀석이 나타났다.
어떤 녀석이 자기 영역에 나타났
는지 궁금하다는 행동이다.

바닥에서 튀어나간 이 녀석이
멀리 날아가지 않고 근처에서
빤히 내 위장텐트를 쳐다보고
있다. 팔색조가 크게 경계할 때
보이는 독특한 목 빼기 동작이
있는데 지금 이 동작을 한참
반복하는 것으로 미루어 이 근
처에 둥지가 있을 것으로 확신
했다.

긴꼬리딱새 수컷이 둥지에 있는
새끼들에게 먹이를 먹이는 모습
이다. 이 새도 여름 철새로 팔색
조가 번식하는 숲속의 환경을
좋아하기 때문에 팔색조 둥지가
있는 근처에서 이들의 둥지가 흔
히 발견된다.

충청도의 한 야산 자락에 있는
덤불 속에 멧비둘기가 둥지를
만들고 알을 하나 낳았다. 멧비
둘기는 알을 두 개만 낳기 때문
에 한 해에 이른 봄부터 가을까
지 보통 서너 차례 번식한다.

여름 철새인 호랑지빠귀가 갈라
진 소나무 사이에 둥지를 만들
고 새끼를 키우는 모습이다. 이
들은 이렇게 훤한 곳에 둥지를
만들기 때문에 산속에서 쉽게
찾을 수 있지만 육추 기간에 천
적들로부터 습격을 당하는 일이
비일비재하다.

제주도 한라산 깊은 계곡 바위
틈 속에 둥지를 만들고 새끼에
게 먹이를 먹이는 여름 철새인
큰유리새 수컷이다. 이 수컷 또
한 알이 부화되기 전까지는 둥
지 근처 계곡을 돌아다니며 예
쁜 소리를 많이 낸다.

강원도 야산 자락의 참나무 밑
동에 어치(일명 산까치)가 둥지
를 만들고 새끼들을 돌보는 모
습이다. 어치는 다른 새소리를
똑같이 흉내 내는 특기를 가지
고 있다.

물까치는 주로 인가 근처나 야
산 입구에 둥지를 만들므로 번
식철에도 쉽게 발견되는 텃새다.
때로는 좁은 지역에서 집단으로
둥지를 틀어 새끼를 키우기 때
문에 이들 지역은 이들의 경계
소리로 시끄럽다.

팔색조가 번식하는 울창한 숲
속에는 되지빠귀뿐 아니라 사진
에서 보는 흰배지빠귀도 둥지를
만들고 새끼를 키운다. 번식철에
는 이들의 노랫소리 역시 자주
들을 수 있다.

울창한 숲속 계곡 근처에 구멍
을 파고 둥지를 만드는 큰오색딱
따구리도 텃새인데, 인기척에는
예민한 경계를 하기도 하고 때
로는 호기심이 많아 수공 속에
서 밖을 살피기도 한다.

림이 30분쯤 됐을 무렵, 그 녀석이 훌쩍 날아오르더니 조금 전 날아 나갔던 땅바닥으로 곧장 내려앉는 것이 아닌가! 경사가 있어서 내려앉은 뒤에는 녀석의 모습을 볼 수가 없다. 그러나 둥지에 내려앉았다는 점에는 의심의 여지가 없다.

아, 드디어 팔색조 둥지를 찾았다! 비록 늦었지만 아직 새끼가 둥지에 있다는 점은 확실했다. 그렇지 않고서야 먹이를 먹지 않고 가지고 다닐 리 없다. 그동안 노심초사하며 찾아다니던 한 달의 시간이 주마등처럼 스쳐간다. 두근거리는 가슴과 설레는 마음으로 흥분을 주체하지 못하고 있을 때 녀석이 또 훌쩍 날아 나갔다. 이제는 더 기다릴 여유가 없다. 황급히 위장을 걷고 날아 나간 곳으로 갔다. 불과 10미터 앞인 그곳의 위치를 헛갈릴 까닭이 없다. 발소리에 놀란 새끼들이 미처 둥지 속으로 들어가지 못한 채 둥지 바닥에 넙죽 엎드려 있다. 제주도의 팔색조 둥지와 똑같은 형태의 둥지 안에 있는 거의 다 자란 새끼들을 본 순간의 희열을 어떻게 말로 다 표현할 수 있을까. 한편으로는 이 둥지 옆으로 그렇게 수없이 오르내렸는데 어떻게 알아보지 못했을까 하는 생각이 들었다. 귀신 곡할 노릇이란 말이 이런 때를 두고 하는 것이지 싶었다. 어처구니없어 기가 찰 노릇이었다. 어미가 오기 전에 빨리 자리를 피해야 한다는 것도 잊고 둥지의 모습에 넋을 빼앗겼다. 럭비공같이 둥그런 모양 위에 주변과 비슷한 마른 나뭇가지와 나뭇잎들을 올려놓아서 둥지가 아닌 듯 교묘하게 위장한 솜씨에 감탄하지 않을 수 없었다. 그러니까 둥지에서 불과 몇 미터 거리를 두고 지나다니면서도 알아채지 못했던 것이다. 설마 무성한 잡초도 없는 황량한 너덜지대의 자갈밭에 둥지가 있을 줄이야! 허허실실의 손자병법이 무색할 지

여름 가뭄이 심했던 탓에 지렁이를 잡지 못하고 벌레를 입에 물고 온 녀석이 한자리에 앉아 오랜 시간 경계를 하면서 둥지에 들어가지 않아 애를 태웠다.

땅바닥에 만들어놓은 둥지 속에서는 부화한 지 2~3일 된 팔색조 새끼들이 인기척에 본능적으로 납작 엎드리며 경계를 한다. 땅바닥에 있는 둥지 위에 위장을 위해 주변에 떨어진 마른 나뭇가지와 나뭇잎으로 덮었는데 정말 똑같이 꾸며놓았다.

경이다. 그 생각을 하면서 어미가 오기 전에 부랴부랴 위장텐트를 걷어서 철수했다.

이튿날 새벽부터 둥지가 잘 보이는 아래쪽에 위장텐트를 치고 하루 종일 촬영을 했다. 한 달 동안의 고생을 원 없이 보상받기라도 하는 것처럼.

백두산을 터전 삼아 살아가는 새들이 어느 곳에서 어떻게 번식하는지 궁금해진 것도 이런 경험에서 비롯된 것 같다. 다만 백두산에서의 탐조는 아쉬움이 많을 수밖에 없다. 정해진 일정이 발목을 잡는다. 하루 종일 열심히 탐조한다 해도 소기의 목적을 달성한다는 보장이 없기 때문에 귀국 날짜는 점점 다가오는데 보고 싶은 둥지를 찾지 못하면 초조해진다. 우리나라에서 팔색조를 한 달 가까이 숨바꼭질하듯 쫓아다니면서 둥지를 찾지 못했을 때도 물론 초조했다. 그렇다고 백두산에서처럼 시간에 쫓기지는 않았다. 백두산의 20일 일정 가운데 일주일 동안 잿빛개구리매를 찾는다고 습육지에서는 처음 찾은 팔색조 둥지라는 설렘 때문에 촬영을 많이 했다. 사진에서 보듯이 이 녀석은 처음에 위장텐트를 많이 경계했다.

때로는 사진처럼 한 녀석이 위장 텐트를 경계하느라고 둥지에 들어오지 못하고 있다가 다른 녀석이 둥지에 들어오면 용기를 내서 뒤따라와 생각지도 않게 한 쌍이 같이 있는 모습을 찍게 되었다.

이 해에는 여름 가뭄이 심해서 산속에도 습지는 거의 없고 바닥이 바짝 말라 이들은 새끼를 키우는 내내 지렁이보다는 숲속의 벌레를 더 많이 잡아왔다.

번식 시기에 털갈이를 하는 팔
색조가 종종 있는데 이 녀석이
지금 털갈이를 하는 중이다. 겨우
지렁이 한 마리를 물고 와서 둥지
주변에서 경계를 한다며 목을
길게 빼는 행동을 하고 있다.

지를 돌아다닐 때는 하루가 천금 같지 않았겠는가? 일정 중 3분의 1을 아무 소득 없이 허탕쳤으니 그 시간이 얼마나 아까웠는지 모른다. 물론 행동반경이 넓은 맹금류를 추적하는 것이 시간상 만만치 않다는 것은 익히 아는 터다. 또한 습성을 모르는 새를 경험도 없이 찾는다는 것은 더더욱 어렵고 힘들다는 점도 잘 알고 있다. 그 힘든 과정을 피하고 싶지 않다. 오히려 적극적으로 부딪히고 싶다. 그렇게 해서 성공하면 금상첨화이겠지만 실패는 실패대로 또 다른 값진 경험이 된다. 실패한 경험이 곧 도전 의욕을 불태운다.

또한 잿빛개구리매의 번식에 대해서 직접 관찰한 것이 전혀 없는 상태에서 용기 있게 도전했다는 자체만으로도 값진 경험이 되었음은 의심할 여지가 없다. 언젠가 기회가 되면 주저 없이 또 도전할 것이다. 새로운 도전이 있기에 탐조에 대한 기대와 설렘이 있다.

가물어서 먹이활동에 많은 어려움을 겪었지만 어미들이 헌신적으로 보살핀 덕택에 새끼들이 무사히 둥지를 떠날 수 있었다. 둥지를 나온 새끼가 작은 바위 위에 앉아 어미가 먹이를 가지고 올 때까지 기다리는 건강한 모습이다.

8_
호사비오리의 번식

　　오직 호사비오리의 번식을 보기 위해 백두산 아래 첫 동네인 이도백하에 사 사장을 찾아온 지도 어느덧 4년째.

　　야생의 새가 둥지에 날아들어 한 달 가까이 알을 품고 아무 탈 없이 새끼를 부화시켜서 세상 밖으로 데리고 나오는 시기를 정확히 맞힌다는 것은 결코 쉬운 일이 아니다. 사 사장은 직원을 동원해 송화강 줄기 개울가에 있는 고목의 수공에 호사비오리 암컷이 찾아드는 것을 매년 관찰하고 있다. 그 요령을 물었더니 매년 4월이 되면 호사비오리 암수가 같이 송화강 줄기 개울에 나타난다고 한다. 우리나라에서는 3월 중순쯤이면 호사비오리가 번식을 위해 모두 북쪽으로 떠난 터라 볼 수 없다. 그렇게 떠난 호사비오리가 휴전선을 넘어 백두산을 찾아왔을까? 가고 싶어도 가지 못하는 실향민을 생각하면 호사비오리는 그 이름처럼 남북을 가로막는 철조망에도

3월 10일, 강촌 근처 북한강에서는 호사비오리 한 쌍이 다정하게 붙어다니며 먹이 사냥에 분주하다. 이들도 며칠 안 있어 번식을 위해 이곳을 떠날 것이다.

3월 말 이도백하의 호사비오리 보호지구 내에 있는 송화강 지류에서 암컷이 혼자 강을 오르내리면서 먹이활동을 하는 모습이다. 수컷이 옆에 없는 시기는 대부분 알을 낳거나 알을 품을 때다.

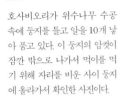

호사비오리가 위수나무 수공 속에 둥지를 틀고 알을 10개 낳아 품고 있다. 이 둥지의 암컷이 잠깐 밖으로 나가서 먹이를 먹기 위해 자리를 비운 사이 둥지에 올라가서 확인한 사진이다.

아랑곳 않고 오르내리는 호사를 제 자신이 누리고 있는 줄도 모른다. 분단된 조국의 아픔을 아는지 모르는지, 호사비오리는 때만 되면 남과 북을 어떤 방해도 받지 않고 넘나들 수 있으니 그 자유로운 행동을 관찰하는 것만으로도 즐거움이 아닐 수 없다. 이렇게 백두산으로 찾아온 암수가 잠깐 어울리며 지내다가 암컷이 산란을 시작하는 어느 시기부터 수컷이 자취를 감추고 개울에는 암컷만 보이는데, 이때부터 둥지를 살핀다고 한다. 둥지로 날아든 암컷이 알을 낳기 시작하고서부터 날짜 계산을 하면서 지켜보는데 보통 한배에 8개에서 12개를 낳는다고 한다. 알을 다 낳고 포란이 시작되면 사 사장의 직원들은 둥지 근처 나무 아래에서 텐트를 치고 24시간 감시하면서 천적의 공격을 막아주기도 하고 가끔 둥지로 올라가 알의 상태를 점검하기도 한다. 그렇게 정성으로 보살핀 호사비오리의 포란이 28~30일 정도 지나면 부화가 임박하기 때문에 모두들 긴장하며 지켜보는데, 이 시기에 특히 담비와 뱀의 공격이 자주 일어나 24시간 내내 한시도 눈을 다른 데로 돌리지 못하고 보는 직원들의 심신은 지칠 대로 지친다고 한다. 봄이라고는 하지만 밤에는 한겨울 추위를 견뎌야 하고 마음 편히 밥을 먹을 수도 없으니 마치 군인이 유격 훈련을 받는 것과 다를 바 없다고 한다. 그렇게 고생해서 지켜낸 알들이 마침내 부화하면 이제는 새끼들이 어미를 따라 무사히 개울로 들어가는 것까지 유도하며 지켜본다고 했다. 부화한 새끼 모두가 어미를 따라 무사히 개울로 들어가면 호사비오리 보호 작전이 마무리된다고 하니 보이지 않는 노력이 이만저만이 아니다.

　모든 과정을 설명하는 내내 무슨 무용담같이 웃으면서 얘기하고 있지만 그 과정을 머릿속에 그리며 듣다보면 험난한 여정이 실감난다. 내가 여러 날 고생 끝에 찾아낸 둥지의 새끼들이 무사히 이소하는 모습을 흐뭇하게 지켜보는 심정에 비길까? 이곳 백두산에서는 몇 명의 직원이 일사불란하게 힘을 합쳐 두 달 가까이 고생하고 있다고 하니 보통 정성이 아닌 듯싶다. 그 과정에서 나는 중간 과정을 다 생략하고 오직 부화된 새끼들이 7~8미터 높이의 둥지에서 세상 밖으로 뛰어내리는 모습을 기록할 기회를 얻었으니 영광이지 않겠는가? 비록 내가 찾아왔을 때 원하는 기록을 하지 못하고 헛걸음으로 귀국한 게 여러 해나 되었지만 결코 그 시간과 경험이 아깝지 않았다. 그것은 호사비오리뿐만 아니라 백두산 자락에서 살아가는 다른 새들의 습성도 늘 함께 볼 수 있었기 때문이다.

　백두산에 촬영을 갈 때마다 내 통역을 담당하고 길 안내를 하던 영춘씨가 2014년 4월 말경 전화를 걸어왔다.
　"박 선생님! 잘 지내셨어요?"
　투박한 북한 말씨가 반가웠다. 영춘씨는 이도백하의 전통 시장에서 물건 배달하는 일을 하고 있는 조선족 동포다. 영춘씨의 아내는 몇 년 전부터 한국에 나와 직장에 다니며 돈을 벌고 있다고 했다. 그러니까 서로 떨어져 살고 있는데 영춘씨도 조만간 한국으로 돈 벌러 간다고 했다.
　요즈음 이도백하의 조선족 동포들은 거의 한국으로 돈 벌러 가고 없다고 한다. 젊은이는 자기가 유일하다고 한다.
　"사 사장 말에 의하면 호사비오리가 5월 20일쯤 부화한다고 시

충남의 한 야산 계곡에서 번식
하는 여름 철새인 긴꼬리딱새 암
컷이 둥지를 떠난(이소) 새끼를
찾아서 먹이를 먹이는 모습이다.

간 맞춰서 오라고 하시네요."

반가운 소식이다. 봄이 되면 늘 그 소식을 기다렸다. 곧바로 비행
기 표를 예매했다. 20일 부화 예정이라지만 더 일찍 부화할지도 모
르기 때문에 18일 중국 연길행 비행기에 올랐다. 연길 공항에는 사
사장이 마련해준 차를 가지고 영춘씨가 마중 나와 있었다. 지난해
에도 그렇게 만났기 때문에 1년 만에 재회하는 그가 금방 나를 알
아보고 멀리서 손 흔든다. 환하게 웃는 얼굴이 다른 사람들 틈에서
도드라져 보인다. 그렇게 반가움으로 인사를 나누고 이도백하로 갔
다. 그런데 이 무슨 조화인가? 사 사장을 만났더니 반가움도 잠시,
호사비오리 암컷이 담비에게 공격당해서 무참히 잡아먹혔다고 한
다. 다리 힘이 탁 풀린다. 사 사장을 한참 쳐다보다가 말했다.

"그럼, 다른 둥지는 없어?"

영춘씨가 통역을 했다. 사 사장이 말한다.

"없어. 올해에는 무슨 일인지 모두 일찍 부화를 했네. 개울에서 어미와 같이 다니는 새끼는 볼 수 있어."

백두산이라고는 하지만 이역만리에 찾아왔는데 기대하던 모습을 볼 수 없다니 난감하다. 그렇다고 곧바로 돌아갈 수도 없는 노릇이다. 열흘 일정인데.

사 사장도 난감한 표정이다. 벌써 3년째 되풀이되는 일이다. 실망하는 모습을 보이기 싫어 사 사장 어깨를 토닥이며 괜찮다고 애써 웃어 보였다.

이튿날 아침 호텔에서 해 뜰 무렵 일어나 영춘씨를 깨우지 않으

제주도의 한라산 계곡에서 번식하는 긴꼬리딱새 암컷이 둥지를 이제 막 떠나려는 새끼에게 먹이를 주고 있다. 보통 새끼가 부화해서 12~14일 정도 되면 둥지를 떠나는데 이 번식과정은 희로애락이 다 담겨 있는 한 편의 드라마와 같다.

려고 살금살금 방을 나와 주변 숲속을 거닐었다. 물론 쌍안경을 들고. 혹시 우리나라에서 보지 못한 새가 있지나 않을까. 우리나라의 지빠귀 소리도 들리고 알 수 없는 새소리도 들린다. 발소리가 나지 않게 천천히 걸으며 숲속과 호수 근처를 돌았다. 이곳은 산림국에서 운영하는 국영 호텔이다. 그래서 담장이 없고 주민 누구나 호텔 정원과 근처 숲속을 산책하며 출입할 수도 있다. 해 뜰 무렵이면 벌써 주민들이 호텔 경내를 산책하며 입구에 있는 작은 운동장에서 운동을 한다. 삼삼오오 호텔 경내를 지나 숲으로 들어갔던 마을 아주머니들이 시끄럽게 떠들면서 다시 빠져나오는데 모두들 손에 나물 뜯은 것을 한 자루씩 들고 있다. 그 나물이 뭔지 궁금했지만 말이 통하지 않아 물어볼 수 없었는데, 나중에 영춘씨한테 들으니 이 시기에 쑥을 뜯어서 태우면 그 연기가 잡귀를 물리친다는 토속 신앙이 있어 쑥을 뜯는다고 했다. 그리고 쑥에 맺혀 있는 아침 이슬로 세수하면 한 해 동안 건강하게 지낼 수 있다는 그들 나름의 의식이 있다고 했다. 이 또한 이도백하의 주민들이 자연과 어우러지며 소통하는 순박한 풍습이 아닐까 생각된다.

　호텔 주변에는 높이 20~30미터 되는 소나무가 울창하게 숲을 이루고 있다. 그래서인지 호텔 이름도 미인송美人松이다. 호텔 옆으로는 작은 개울이 호수로 흘러 들어간다. 호수에는 청둥오리 수컷 몇 마리가 보이고 새끼를 데리고 다니는 암컷도 있다. 물 위로는 먹이 사냥을 하는 제비들이 북적인다. 한동안 호숫가를 돌며 한적한 산책을 즐길 때였다. 때까치 한 마리가 경계할 때 내는 "때때때때" 소리가 소나무 군락 중 제일 높은 가지에서 들린다. 쌍안경 속에 보이는 녀석은 노랑때까치였다. 우리나라에서는 겨울에 잠깐 볼 수 있는 겨울 철새로 번식은 거의 관찰하기 어렵다. 이곳에서 이 시기에

새끼들의 깃털 색으로 미루어 백두산 호텔 경내의 호수에 있는 청둥오리 새끼는 시기도 거의 같은 듯한데, 우리나라와 한 달 차이가 나는 것은 지역적 차이로 여겨진다.

5월 말 이도백하에 위치한 미인송 호텔 경내에 있는 호수에 청둥오리 암컷이 새끼들을 데리고 있다. 호사비오리보다 부화 시기가 조금 빠른 편이다.

4월 말 창경궁 춘당지에 청둥오리가 새끼들을 데리고 진달래가 핀 물 위에서 먹이를 찾고 있다. 백두산의 청둥오리 번식보다는 한 달가량 빠른 시기다.

보인다는 것은 아마도 근처에 둥지가 있기 때문 아닐까? 혹시나 하는 의심보다는 확신이 더 강하게 든다. 소나무들 옆으로는 산책로가 있는데 그 길을 벗어나서 소나무 숲으로 접근하는 사람은 거의 없다. 그러니까 산책하는 주민이 있을 때는 경계를 하지 않았다. 결국 오가는 주민들은 이 근처에 노랑때까치 둥지가 있을 줄 아무도 모른 채 지나다녔다고 보면 된다.

"때때때때!"

내가 소나무 숲으로 들어가자 경계 소리에 귀가 따가울 정도다. 둥지에 있는 암컷에게 조심하라는 소리인지, 새끼에게 들키지 않게 조용히 하라는 소리인지 알 수 없지만 날카롭고 격양된 그 소리는 숲에서 나가라는 부르짖음 같다는 생각에 쫓기는 심정이 된다. 그 소리를 무시하고 느긋하게 이리저리 둥지를 찾는다고 서성이는 게 마치 죄를 짓는 기분이다. 더 이상 자극하는 것은 주변만 소란하게 해 주의를 끄는 것이므로 이로울 게 없다고 판단해 일단 숲에서 물러나와 산책로 쪽으로 왔다. 숲을 등지고 조금 더 멀리 가는

척했다. 그리고 살며시 뒤돌아보니 녀석이 경계 소리를 멈추고 주위를 두리번거린다. 그러고는 잠시 후 앉아 있던 바로 옆 소나무 가지 속으로 날아 들어간다. 녀석이 내려앉은 곳을 쌍안경으로 자세히 들여다보니 그 나뭇가지 속의 또 다른 녀석이 눈에 들어온다. 솔잎 사이로 둥지도 살짝 보인다. 암컷이 둥지에 앉아 있는 게 틀림없다. 아, 생각지도 않게 둥지 하나를 발견했다. 사람들의 왕래가 빈번한 호텔 경내에서 노랑때까치가 번식을 하고 있었다.

그렇게 생각지도 않은 둥지를 찾고 나서 객실로 돌아와 영춘씨와 호텔 마당에서 기다리다가 사 사장 직원인 손양빈의 차를 타고 시내에서 아침 식사를 같이 했다. 중국인인 손양빈을 나는 쇼순이라고 부르는데, 이곳에 올 때마다 쇼순의 차를 이용하곤 했다. 쇼

이도백하의 인간 근처 높은 나뭇가지에 앉아 있는 노랑때까치 수컷. 둥지에는 암컷이 한창 알을 품고 있다. 암컷은 알을 낳거나 알을 품을 때는 먹이 사냥을 하지 않는다. 따라서 이 시기에는 거의 수컷만 관찰된다.

순과는 어제 미리 호사비오리 보호지구에 데려다주기로 약속해둔 터였다. 새끼들이 어미를 따라다니며 먹이활동을 하는 모습을 촬영하기로 했기 때문이다. 호사비오리 보호지구에는 이곳을 관리하는 젊은이가 있는데 성이 당 씨라고 한다. 아침마다 출근해서 출입문을 열고 손님을 맞는다. 지구 내에는 사무실과 숙소, 접견실 등의 건물이 있는데 모두 사 사장이 사비를 들여 지었다. 그 건물 바로 앞에는 작은 강이 있고 역시 사 사장이 사비를 들여 만든 수중댐이 있다. 그 댐으로 흘러들어온 강물이 작은 호수를 이루는데 이 호수에서 새끼들이 어미와 함께 먹이활동을 한단다. 사람들이 보이면 어미가 새끼들을 데리고 잽싸게 상류로 올라가 숨기 때문에 촬영하려면 호숫가에서 위장텐트를 치고 기다려야 했다. 언제나 야생의 순간을 촬영하려면 기다림에 익숙해야 한다. 영춘씨를 포함해 사 사장 직원들은 모두 사무실에서 기다리기로 하고 나 혼자 물가

호사비오리 보호지구 내에 있는 인공 호수가 보이고 왼쪽으로는 사무실 건물이 있다. 강가 근처에는 호사비오리가 둥지를 틀 만한 거목의 위수나무가 꽤 많이 있다.

에 위장텐트를 쳤다. 건너
편으로 울창한 활엽수림이
있는데 그중 높은 고목 가
지 위에 앉아 있는 파랑새
가 보인다.

뻐꾸기 소리도 요란한데
이 녀석 어느 둥지에 탁란을 했는지 목이 쉬도록 울어댄다. 자기 자
식을 직접 기르지 못하고 남에게 맡기는 심정이 오죽할까? 그런 생
각을 하면 할수록 뻐꾸기 소리가 애처롭고 서글프게만 들린다. 물
가로 물총새가 마치 과녁을 향해 날아가는 화살처럼 눈 깜짝할 새
에 휙 하고 위장텐트 앞을 스쳐 지나간다. 물총새도 한창 새끼를 기
르느라 분주할 시기다. 호수 건너편 물가에 물까마귀 한 마리가 꼬
리를 까딱거리며 마른 나무뿌리를 열심히 물어뜯는 모습이 보인다.

호사비오리 보호지구 내에서는 여름 철새인 파랑새도 번식을 하는데 이들은 둥지를 대부분 수공에 마련한다. 그러다보니 호사비오리와 둥지를 서로 차지하려는 쟁탈전이 벌어지기도 한다.

호사비오리가 새끼들을 데리고 다니면서 먹이활동을 하는 호수 상류로 파랑새가 비행하고 있는데, 이들은 호사비오리가 둥지로 사용할 수공을 빼앗으려 하는 탓에 주변은 늘 이들의 공격적인 경계 소리로 시끄럽다.

충남의 한 농가 주방의 환기구 속에 둥지를 튼 파랑새가 이소를 앞둔 새끼에게 먹이를 먹이는 모습이다. 파랑새는 자신이 직접 둥지를 만들지 못하고 남의 둥지를 이용하기 때문인지 성질이 거칠고 사나워서 까치들도 도망다니기 일쑤다.

강원도의 한적한 농가 앞마당에 세워둔 고목나무. 딱따구리가 쓰고 난 묵은 수공에 파랑새가 둥지를 틀어 새끼를 기르고 있다.

이 녀석은 지금 둥지를 한창 짓고 있는 모양이다. 건물 처마 밑에는 귀제비들이 둥지를 짓느라 바쁘게 날아다니고 노랑할미새 한 쌍과 알락할미새 한 쌍이 앞서거니 뒤서거니 하며 연못을 오르내린다. 깝짝도요 한 쌍도 위장텐트 주변을 경계하며 꼬리를 위아래로 열심히 까딱거린다. 이 녀석들은 벌레를 사냥해서 물고 있는 것으로 미루어 이미 새끼를 키우고 있는 듯싶다. 위장을 치고 두 시간을 기다렸지만 호사비오리는 근처에 얼씬도 않는다. 영춘씨를 통해 손양빈에게 물었더니 좀더 기다려보란다. 잠시 후 기다리던 호사비오리는 오지 않고 호수 위로 새호리기 한 마리가 날렵한 몸매를 자랑하며 곡예하듯 나타났다. 공중에서 잠자리를 잡아 날아가면서 먹는다. 이 녀석은 먹이 사냥을 해서 곧바로 먹는 것으로 미루어 아직 새끼들이 부화하지 않은 것 같다. 오매불망하는 호사비오리가 이 녀석 때문에 호수 쪽으로 오지 않을 것 같아 자꾸만 초조하고 조급해진다. 아직 병아리 크기의 호사비오리 새끼는 새호리기의 먹잇감으로 물까마귀는 우리나라에서 텃새로 살아가는데, 이곳 호사비오리 보호지구 내에 있는 물까마귀도 텃새로 살아가는지 궁금하다. 혹독한 겨울 추위 속에서 과연 먹이활동을 할 수 있을지 의문이다.

새호리기 한 마리가 호수에 낮게 날며 호사비오리를 긴장하게 했는데 별 소득이 없다고 판단했는지 하늘 높이 날아올라 멀리 사라졌다.

공격받을 위험이 있는 탓에 어미는 조심할 게 틀림없다. 시간은 자꾸 흐르는데 엉뚱한 녀석이 물 위에서 떠날 줄 모르니 속이 타들어간다. 위장을 걷고 새호리기를 다른 곳으로 쫓아볼까? 아니지, 그러다가 영문도 모른채 호수 쪽으로 접근해오는 호사비오리에게 내 존재를 들키면 돌이킬 수 없는 낭패를 볼 것 같아 그러지도 못하고 속만 끓었다. 새끼를 키우는 어미들은 모두 새끼를 지키느라 극도로 예민한 시기다. 꾹 참고 기다리자.

이번에는 호수 건너편 숲속에서 큰유리새 수컷의 노랫소리가 들린다. 더 정확히 소리를 확인하려고 귀를 기울이고 있는데 파랑새가 앉아 있는 나뭇가지에 큰유리새 수컷이 훌쩍 나타나서 옆에 앉는다. 파랑새는 멀뚱거리며 외면하고 별다른 경계를 하지 않는다. 둘은 그렇게 오랜 시간 나란히 앉아 있었다. 아마도 큰유리새 둥지가 그 나무 아래쪽 호숫가 어딘가에 있는 것 같다. 보통 작은 새들은 자기 둥지 근

처에 다른 새가 나타나면 본능적으로 경계하면서 이렇게 무언의 시
위를 하곤 한다. 해는 점점 중천으로 뜨고 점심시간이 다 되어간다.
오전 내내 허탕을 치나, 하는 순간이었다. 물웅덩이처럼 넓은 호수
상류에 물살이 센 여울 사이로 솟아 있는 바위와 바위 사이로 쪼
르르 달려오는 호사비오리 새끼들이 까맣게 점점이 보인다. 드디어
그렇게 기다리던 녀석들이 나타났다. 물가의 나무뿌리 근
처와 바위 사이를 들락날락하면서 연못 쪽으로 내려오는
새끼들과 그런 새끼들을 호위하듯 일정한 간격을 유지
하며 따라 내려오는 어미의 모습이 숲과 강물이 만
들어낸 아름다운 풍경과 어우러져 한 폭의 그림
같다. 어쩌면 그동안 상상하고 기대해왔던 까닭
에 더 멋지게 보였는지도 모른다. 곧 있으면 가까이서 만날 생각에
가슴이 두근거리기 시작한다. 새끼들은 어미에게서 먹이를 받아먹

새호리기는 우리나라에서도 여
름에 찾아와 번식하는 여름 철
새인데 이곳 한반도의 최북단까
지 찾아와 번식하는 것이 이채
롭다. 자신이 직접 둥지를 만들
지 않고 까치 묵은 둥지나 까마
귀 묵은 둥지를 이용해 새끼를
키운다. 이곳에서는 까치를 보
기 어려우니 아마도 까마귀
묵은 둥지를 이용하지 않을까
짐작할 따름이다.

강원도 야산 자락에 있던 까마
귀 묵은 둥지에 새호리기 한 쌍
이 둥지를 틀었다. 암컷이 알을
낳는 중이고 오른쪽의 수컷이
암컷의 먹이를 잡아왔다.

강원도의 묵은 까마귀 둥지에 새끼를 키우는 새호리기 어미가 제비 한 마리를 잡아와서 새끼에게 먹이려 하고 있다.

충남의 한 소도시에 있는 소나무 가로수에 묵은 까치 둥지를 이용해 새끼를 키우는 새호리기가 참새 한 마리를 잡아와서 새끼에게 먹이려 하고 있다.

지 않고 스스로 사냥한다. 그런 모습을 놓칠세라 쌍안경에서 눈을 뗄 수가 없다. 하나같이 제각기 먹이를 찾는 몸짓이 앙증맞아 촬영한다는 것도 잠시 잊고 있다. 이제 막 걸음마 뗀 어린아이의 천진난만한 몸짓처럼 그렇게 예쁠 수가 없다. 멍하니 홀린 듯 바라보는 그 순간만큼은 근심걱정 다 잊는다. 싱글벙글 웃는 아기를 보면서 시름을 잊는 마음이 이런 것이리라. 아기들이 그렇듯 호사비오리 새끼들도 천방지축이다. 어미는 잠시도 한눈 팔지 않고 경계하느라 먹이 사냥도 하지 못한다.

그러던 어미가 갑자기 "꿱꿱꿱" 소리 지르며 물장구를 친다. 어미의 다급하고 날카로운 소리가 들리자마자 사방으로 날뛰던 새끼들이 약속이나 한 듯 일제히 물가의 나뭇가지와 덤불 속으로 허겁지겁 몸을 숨긴다. 한 마리도 빠짐없이. 이런 공습 훈련을 미리 받은 것일까? 아닐 것이다. 천적으로부터 자신을 지키는 타고난 유전자 본능이 아니면 이제 세상 밖으로 나온 지 사나흘 된 어린 새끼들이 이처럼 일사불란하게 몸을 피하는 요령을 터득했을 리 없다. 새끼들이 모두 몸을 숨긴 그 순간 새호리기 한 마리가 수면에 닿을 듯 날아와서 호사비오리 암컷 가까이에서 하늘 위로 솟구쳐 오른다. 어미는 계속 "꿱꿱꿱" 날카로운 소리를 지르며 고개를 높이 들고 새호리기를 주시한다. 잠깐 동안 그렇게 호사비오리 주변을 선회 비행하던 새호리기가 개울 건너편에 있는 울창한 숲 너머로 사라졌다. 어미의 경계 소리가 멈췄다. 새끼들이 하나둘 덤불 밖으로 나와 언제 그랬냐는 듯 앞다투어 먹이 사냥을 시작한다. 어미는 긴장을 떨쳐내려는 듯 물 위로 벌떡 몸을 세우고 날개를 힘차게 펄럭이며 물보라를 일으킨다. 새끼들은 그런 어미의 몸짓에서 위험이 사라졌다

인공 호수 상류 쪽에서 나타난 호사비오리 암컷이 새끼들을 데리고 댐이 있는 아래쪽으로 내려오고 있다. 호수는 물살이 세지 않고 얕은 곳에 물고기가 많이 서식하는 환경이기 때문에 암컷이 새끼들의 먹이 사냥을 위해 자주 나타난다.

넓은 호수를 안전하게 가로지른
어미가 안심하고 물고기를 잡으
려고 자맥질하는 사이 새끼들은
누가 빨리 좋은 사냥터를 차지
할까 물장구를 치며 달려가는
모습이다.

호사비오리 보호지구 내의 호
수를 가로지를 때에는 암컷이
주변을 예민하게 경계하면서 새
끼들을 빠르게 인도한다. 넓은
곳에서 노출된 새끼들이 자칫
매의 공격을 받지 않을까 두려
워하는 본능일 것이다.

는 걸 직감으로 아는 듯, 또다시 제멋대로 물 위를 휘젓는다. 그러고는 자맥질도 하면서 내가 위장하고 있는 곳으로 점점 가까이 다가온다.

어미가 힐끗 내 위장텐트를 쳐다본다. 순간 나도 모르게 숨을 멈췄다. 경계하면 안 되는데. 위장텐트 밖으로 삐죽이 내밀고 있는 렌즈도 같이 얼어버렸다. 쳐다보던 어미가 무심히 고개를 돌리며 아무 일 없다는 듯 물속으로 자맥질을 한다. 안심이다. 내 위장텐트를 크게 경계하지 않는 것 같다. 이제 쌍안경을 내려놓고 슬슬 카메라를 조준한다. 앵글 속에서 새끼들이 분주히 물 위를 쪼르르 달리기도 하고 물속으로 자맥질도 하는 모습에 셔터를 정신없이 눌렀다. 나와의 거리가 조금 멀기 때문에 아직은 셔터 소리를 듣지 못할 것이다. 정말 오랜만에 실컷 셔터를 눌렀다.

점점 가까워진다. 새끼들이 물장구치는 소리가 크게 들리기 시작한다. 어미가 수시로 내 위장텐트를 힐끗거린다. 아마도 신경이 쓰이는 것 같다. 이럴 때는 렌즈를 움직이면 안 된다. 새들은 소리보다 움직임에 더 민감하기 때문이다. 새끼들은 물가에 무엇이 있는지 전혀 신경 쓸 겨를도 없이 내 위장텐트 쪽으로 점점 다가온다. 빠른 녀석은 벌써 내 위장텐트 코앞까지 왔다. 이 녀석은 너무 가까워서 찍을 수가 없다. 600밀리 렌즈의 최소 초점 거리보다 더 가까웠기 때문에 초점을 맞출 수 없다. 그냥 쳐다볼 뿐이다. 더 멀리 갈 때까지 기다려야 한다. 병아리 정도 크기의 녀석들은 알록달록 위장 색을 한 깃털을 하고 있어 가까이서 보니 예쁜 인형 같다. 아직은 날개가 다 자라지 않아 날지 못해도 작은 날개로 양팔을 벌리듯 중심을 잡고 물 위를 박차면서 뛰어가는 모습은 정말 앙증맞다. 그렇게 수면 위를 내달리는 순간의 속도는 마치 출발 총성과 함께 튀어 나가는 쇼트트랙 선수들의 모습을 연상케 한다. 어찌나 빠른지 번갈아 내달리는 두 다리는 보이지 않고 힘차게 튀기는 물보라만 눈에 잡힌다. 뛴다기보다 미끄러진다는 표현이 더 잘 어울린다.

카메라 셔터에 손을 올린 채 앵글에서 눈을 떼고 한참을 그렇게 호사비오리 새끼들이 노니는 모습을 영화보듯 감상했다. 정말 모든 움직임이 환상적이다. 그 동작들을 카메라에 담아야 하는데 보고만 있다는 것이 한편으로 초조하게 만들었다. 새끼들이 그렇게 코앞에서 한바탕 소란을 피우면서 안타까운 내 마음을 아는지 모르는지 스쳐 지나갔다. 어미는 역시 위장텐트를 믿지 못하겠다는 듯 새끼들 곁으로 따라오지 않고 멀리 물 가운데 떨어져서 지켜만 보고 있다. 새끼들이 내 앞을 지나 아래쪽으로 내려가자 그제야 어미가 슬슬 새끼들 곁으로 다가갔다. 시끌벅적 요란한 공연이 끝난 뒤의 허전함이 밀려온다. 코앞에서 본 새끼들의 생생한 모습이 눈에 아른거려서 멀리 떨어진 희미한 새끼들의 모습을 찍으려니 흥이 나질 않는다. 호사비오리 어미는 그렇게 개울 위아래를 오르내리며 새끼들이 먹이 사냥을 하기 좋은 곳으로 데리고 다닌다. 내 위장텐트에서 멀어진 그들이 언제 다시 가까이 올지 알 수 없어 막막하기만 하다. 생각 끝에 위장텐트를 걷기로 하고 호사비오리 가족이 보이지 않을 때까지 기다렸다. 그러잖아도 어미가 위장텐트를 경계했는데 불쑥 사람이 나타나면 얼마나 놀라겠는가? 나를 보고 당황해 도망가는 모습을 보고 싶지 않다. 내 위장텐트 앞으로 해서 건너 쪽의 물가를 따라 상류로 올라간 호사비오리 가족이 보이지 않을 때까지 한참을 기다렸다. 텐트를 철수하고 영춘씨에게 무전으로 물 건너 숲으로 새를 찾아서 들어간다고 전했다. 그리고 무전기를 껐다. 무전기에서 나는 잡음이 새를 찾는 데에는 방해가 되기 때문이다.

호사비오리 어미의 보살핌을 받
으며 먹이 사냥을 하는 새끼들
은 어미가 별 경계를 하지 않을
때는 제각각 흩어져 물고기를
잡느라고 어수선하다. 그러다가
어미의 경계 소리가 나면 지체
없이 어미 곁으로 모여들어 질
서 정연하게 이동한다.

이제 부화한 지 일주일 정도 된
새끼가 자맥질을 해서 작은 물
고기를 사냥했다. 이들은 부화
한 지 하루 만에 어미를 따라
물에 들어와서도 어미에게서 먹
이를 받아먹지 않고 스스로 먹
이 사냥을 한다.

호사비오리 새끼들은 이동할 때 날개를 사용하지 않고 오로지 물갈퀴가 있는 두 발로만 헤엄치며 전진하는데, 마치 엔진으로 달리는 보트가 앞부분이 들리면서 속력을 내는 모습과 흡사하다.

부화한 지 2주일이 지나면 어미의 눈치를 보지 않고 새끼들끼리 모여서 먹이 사냥을 하는데, 앞장선 녀석이 가는 곳으로 모두 따라다닌다.

9_
호사비오리와 더불어 사는 새들

한국동박새와 쇠솔딱새

하늘이 보이지 않을 정도로 우거진 숲속에서 작은 새 소리가 들렸다. 어느 쪽으로 갈까 망설이다가 우선 시야가 탁 트인 커다란 나무 밑으로 가서 접이식 의자를 놓고 앉았다. 새들은 움직이는 사람이 있으면 피하는 탓에 관찰하기 어렵다. 조용히 앉아서 귀 기울이며 새소리를 듣고 그 움직임을 주시하는 것이 새를 추적하는 요령이다. 물론 위장을 하고 있으면 더 좋다. 그러나 위장하면 시야가 좁아지기 때문에 옆이나 뒤에서 움직이는 새를 놓칠 가능성이 있다. 점심때까지 두 시간 여유가 있다. 그렇게 나무 밑에 몸을 의지하고 기다린 지 한 시간쯤 되었을까. 내 머리 위로 작은 새 한 쌍이 날아와서 맞은편 나무줄기에 있는 마른 나무껍질을 쪼기 시작하는 것이 아닌가. 나와의 거리는 10미터. 거리는 가까웠지만 그림자가 드리워져 육안으로는 어떤 새인지 분간이 안 된다. 꼼짝 않고 살며시 팔만 들어 쌍안경을 들여다보니 동박새다. 더 자세히 살펴보니 옆구리에 갈색 깃털이 있는 한국동박새다. 이게 웬일인가, 한국동박새를 백두산 자락에서 보다니! 가슴이 콩닥콩닥 뛴다. 이 녀석도 겨울에는 우리나라에서 월동을 하고 봄이면 백두산으로 찾아와서 번식하는 걸까? 이 녀석은 지금 뭘 하는 걸까? 한참을 그렇게 마른 나무껍질을 쪼던 녀석이 실타래 같은 줄기를 잔뜩 부리에 물었다. 옳지, 둥지를 만들고 있구나. 그 둥지 재료를 물고 어디로 날아가는지 잘 봐

우리나라에서 텃새로 살아가는 동박새에게는 없는 옆구리의 진한 밤색 깃털이 선명한 한국동박새. 한 쌍이 같이 다니는 모습을 처음 본 이날 이후로 더는 그들의 모습을 볼 수 없었다.

우리나라에서도 매우 드물게 관
찰되는 한국동박새가 둥지 재료
를 찾아다니는 모습이다. 러시아
의 우수리 지역과 백두산이 있
는 중국 동북부에서 번식하는
것으로 알려진 녀석을 이곳에서
만나는 행운을 얻었다.

충남 태안반도 바닷가에 벚꽃이
만발할 때 관찰된 한국동박새의
모습이다. 번식지로 이동하는 녀
석을 운 좋게 만난 것 같다.

야 했다. 두근거리는 가슴을 진정시킬 새도 없이 녀석들은 훌쩍 날아갔다. 숲이 울창해서 잠깐 보이던 녀석들이 어느새 시야에서 사라졌다. 날아간 새들의 뒤를 뚫어져라 쳐다봤지만 어느 쪽으로 향했는지 알 길이 없다. 아, 참으로 안타깝다. 그 넓은 숲을 다 돌아다닐 수도 없는 노릇인데 가는 방향을 놓쳤으니 이 무슨 낭패란 말인가.

그런 경우가 종종 있다. 우리나라에서도 같은 실수를 한두 번 한 게 아니다. 그래도 이역만리 백두산 자락까지 와서 놓쳐버리다니……. 안타깝지만 스스로를 원망해봐야 해결되지 않는다. 그렇게 속절없이 발을 구르다가 시간만 흘렀다. 일단 철수해서 물을 건너가 준비해온 만두와 빵으로 영춘씨, 당 씨와 함께 점심을 먹었다. 영춘씨에게 한국동박새를 놓쳤다고 한탄을 늘어놓다가 다시 물을 건너 혼자서 숲으로 들어갔다. 혹시 또 그 자리에 한국동박새가 나타나지 않을까 기대하면서. 그러나 두 시간이 지나도록 인기척도 없었다. 그 녀석들이라고 나무 밑에 내가 앉아 있었던 것을 모를 리 없다. 더 이상 기다리는 것은 시간 낭비다. 작은 새들이 둥지를 지을 때에는 부지런히 둥지 재료를 찾아서 오가기 때문에 이렇게 두 시간 동안 나타나지 않을 리 없다. 다른 곳으로 갔을 것이다. 툭툭 털고 일어나서 오전에 날아갔던 방향으로 발길을 옮겼다.

운이 좋으면 둥지 만드는 모습을 볼 수 있지 않을까 하는 실낱같은 희망을 품고.

동박새 둥지는 층층나무 같은 활엽수의 늘어진 나뭇가지 끝에 있는 나뭇잎 사이에 주먹 크기 정도로 만들어진다. 나뭇잎 크기나 둥지 크

충남의 한 야산에서 관찰된 동박새의 둥지 모습이다. 활엽수의 넓은 잎사귀 크기와 비슷한 동박새의 둥지를 발견하기란 여간 까다롭지 않았다.

기나 비슷하기 때문에 지나다니다가 우연히 둥지를 발견하기란 쉽지 않다. 또한 작은 몸통에 어울리는 작은 둥지가 나뭇잎 사이에 매달려 있으면 몸집이 큰 천적들이 둥지에 접근하기 어렵다는 것을 아는 본능적인 기술인 듯싶다. 그런 나무들만 골라 다니며 숲을 이리저리 헤맸다. 지난해 서산의 한 야산에서 동박새 둥지를 발견한 적이 있어 그때 둥지가 있었던 활엽수와 비슷한 조건을 염두에 두고 찾아다녔다. 20~30미터의 키 큰 소나무가 울창한 숲속에 소나무 아래쪽으로 2~4미터의 활엽수가 밀집한 곳이 우선 목표였다. 그런데 문제가 있다. 활엽수가 마치 우산을 펼치고 있는 듯한 형태이기 때문에 활엽수 위로 다니는 동박새의 모습이 잘 보이지 않는다는 점이다. 그러니까 새의 움직임으로는 찾기 어려워서 빽빽한 그 활엽수의 나뭇잎 사이를 자세히 들여다보면서 다녀야 하는 것이 곤혹스럽다. 둥지 또한 아이 주먹만 한 크기로 아주 작기 때문에 슬쩍 지나다가는 발견하기 쉽지 않다.

숲은 깊어지고 점점 지쳐갈 즈음 무언가 작은 새의 움직임이 스쳐 지나간다. 발걸음을 멈추고 그 자리에 앉아서 숨도 크게 쉬지 못한 채 주변을 살폈다. 잠시 후 참새보다 작은 새 한 마리가 시커먼 활엽수 나뭇가지에 훌쩍 내려앉는 것이 보였다. 팔뚝만큼 굵은 나뭇가지가 수평으로 뻗어 있는데 그곳에 앉아서 내가 있는 곳을 힐끔거리며 주변을 살핀다. 부리에는 푸른 이끼를 물고 있다. 혹시 한국동박새인가 싶어 가슴이 두근거린다. 쌍안경으로 슬며시 들여다보니 동박새는 아니다. 솔새 같기도 한데 언뜻 짐작이 안 된다. 쌍안경 속 녀석의 정체를 곰곰이 생각해보니 쇠솔딱새 같다. 한국동박새는 아니지만 쇠솔딱새가 둥지를 만드는 것도 이번이 첫 관찰이라 잔뜩 호기심이 생긴다. 한국동박새는 나중에 찾기로 하고 이 녀석의 움직임을 관찰하기로 작정했다. 그리고 내 모습이 잘 보이지 않도록 커다란 나무 뒤에 자리를 잡고 몸을 숨겼다. 쌍안경만 살짝 내밀고 살피기 시작했다.

　이 녀석은 한참을 두리번거리더니 물고 온 이끼를 나뭇가지 중간쯤 되는 곳의 위에 붙이기 시작한다. 몸을 빙빙 돌리면서 둥지 형태를 만들고 있었다. 거무칙칙한 나무껍질의 색깔과 흡사하게 재료를 붙이고 있어서 둥지인지 나무껍질인지 분간이 어려울 정도다. 보고 있으면서도 그 놀라운 기술에 입이 벌어졌다. 한 녀석이 기초를 만드는 사이 또 다른 녀석이 재료를 물고 날아왔다. 그러자 둥지를 짓던 녀석이 기다렸다는 듯 잽싸게 밖으로 날아 나간다. 뒤에 온 녀석이 앞에서 한 녀석과 같은 동작으로 둥지를 짓는다. 내가 숨어 있는 곳을 힐끗거리면서도 거리낌 없이 둥지를 짓는 데만 열중한다. 혹시나 내가 보고 있다는 것 때문에 포기하면 어쩌나 걱정했는데 녀석들은 아랑곳하지 않고 제 할 일만 한다. 국내에서 붉은머리오목눈이처럼 작은 새들은 둥지를 만들 때 누군가에게 들켰다는 것을 감지하면 즉시 둥지를 포기하는 것을 봐왔기 때문에 더욱 조심했다. 그들은 그런 식으로 쉼 없이 둥지를 지어나갔다. 어떤 때에는 거미줄을 물고 와서 둥지 둘레를 칭칭 감기도 했다. 그 모습이 얼마나 깜찍하던지 촬영하는 걸 까맣게 잊고 쌍안경 속에서 넋을 잃은 채 지켜보았다. 나와의 거리는 불과 10미터 안팎인데도 불구하고 녀석들은 왜 나를 무시한 것일까? 높이 3미터의 나무 위로 내가 오르지 못할 거라고 판단하는 것일까? 그리고 보통 새들의 둥지는 우거진 나뭇잎 속에 보이지 않게 만들기 때문에 둥지 짓는 모습조차 거의 관찰되지 않는다. 그런데 이 녀석들은 훤히 보이는 곳에 둥지를 틀고 있다.

참새보다 더 작은 쇠솔딱새가
옆으로 늘어진 나무 위에 둥지
를 만드는 모습인데 이렇게 훤히
보이는 곳에 둥지를 트는 배짱
이 놀라울 뿐이다. 아마 둥지의
위장 색을 본능적으로 믿고 있
는 듯하다.

쇠솔딱새는 암수가 번갈아가면
서 둥지 재료를 물고 와서는 열
심히 둥지를 만든다. 교대하는
시간이 비슷한 게 신기하기만
하다.

나무 색깔에 맞춰 둥지 재료를
선택하는 것으로 짐작되는데 아
마도 위장하려는 것 같다. 또한
이 녀석들은 이렇게 훤히 보이는
위치에 둥지를 만들고 있다는
것을 아주 잘 아는 듯했다. 둥지
를 만들다 말고 잠깐 고개를 들
어 주변을 살피기를 게을리하지
않는다.

어설픈 짐작으로는 자신들의 위장술을 지나치게 과신하는 게 아닐까 하고 염려된다. 그래서 나를 보고도 본 체 만 체 하는 게 아닐까? 정말 이해할 수 없지만 한편으로는 천만다행이다. 둥지가 잘 보이는 곳에 있어서 이들의 번식 과정을 어렵잖게 촬영할 수 있을 것 같다. 나름의 관찰은 끝났다. 이제는 녀석들이 모두 둥지를 비울 때까지 기다리기로 했다. 혹시 지금은 내 앞이라서 무심한 척해도 가까이에서 움직이는 사람을 보게 되면 둥지를 포기할까 염려되어 이들이 보는 앞에서 움직일 수 없기 때문이다. 마침내 모두 둥지를 떠난 순간 살며시 일어나서 주변 나무들 모양새를 돌아보며 둥지 위치를 확인해두었다. 그렇게 하지 않아 나중에 다시 숲에 들어왔을 때 둥지를 찾지 못한 적이 한두 번이 아니었다. 그리고 둥지가 내려다보이는 경사진 곳으로 올라서서 촬영하기 좋은 장소를 봐두었다. 어려운 수학 문제를 풀고 난 뒤 같은 개운한 마음으로 뒤돌아섰다. 예상하건대 지금 둥지 바닥을 다 만들었고 한창 벽을 짓고 있으니 2~3일 후에는 둥지가 완성될 것이다. 매일 습관처럼 정해진 점심시간이 한 시간이나 지났다. 그제야 서둘러 무전기 전원을 켜고 지금 숲을 나가는 중이라고 전했다. 예쁘게 우거진 나뭇잎 사이로 뭉게구름이 두둥실 떠 있다. 그 사이로 제비들이 분주히 오가는 모습이 평화스럽다. 들어올 때와는 달리 발걸음도 가볍다.

숲을 나와 개울을 건너는데 깝짝도요 한 쌍이 수중 댐 위를 거닐다가 놀라서 후드득 물 위를 스치듯 급히 날아간다. 물새들은 거의 바닥에 둥지를 만들기 때문에 누군가의 접근에 무척 예민하다. 둥지가 어디 있는지도 모른 채 무심코 접근하면 이들의 의태행동을 볼 수 있다. 날개를 벌려 바닥에 부딪히며 퍼덕여 마치 다쳐서 날지 못하는 것 같은 시늉을 한다. 그들의 이런 의태행동에 관심을 기울

이면서 따라가다보면 둥지로부터 멀어지게 된다. 이렇게 다친 흉내를 내면서 둥지로부터 점점 멀어지다가 일정한 거리가 되면 녀석들은 의태행동을 풀고 둥지와는 전혀 다른 방향으로 훌쩍 날아가버린다. 둥지를 찾아서 헤매던 천적과 사람들은 둥지 근처에 가보지도 못한 채 허탕 치기 일쑤다. 닭 쫓던 개 지붕 쳐다보는 것이 아니라 도요 쫓던 사람 허공만 쳐다본다. 이들이 살아남기 위한 유일한 방법인데 언제나 성공하는 것은 아니다.

깜짝도요처럼 자갈이 많은 모래톱에 둥지를 만드는 물새들의 둥지를 찾을 때에는 이들의 의태행동에 속지 않는 것이 중요하다. 어쨌든 이들은 우리나라 개울에서도 흔히 관찰되기 때문에 별 흥미를 끌지는 못했다. 지금은 백두산 자락에서 살아가는 산새들이 더 궁금하다.

멧새

아침에 준비해간 만두로 간단히 점심을 해결하고 다시 댐을 건너 숲으로 들어갔다. 숲에는 여전히 뻐꾸기 소리가 요란하다. 시간만 넉넉하면 이 뻐꾸기가 어떤 새의 둥지에 탁란을 하는지 찾아보고 싶은데 마음만 굴뚝같다.

숲속에는 무릎 높이의 잡초가 무성해서 맨땅이 거의 보이지 않는다. 호사비오리 둥지를 찾는다고 직원들이 오갔던 발길에 잡초가 밟혀서 길이 되었다. 그 길을 따라 천천히 숲으로 들어가는데 멀리서 할머니 한 분이 망태를 지고 뒤뚱뒤뚱 걸어서 내 앞으로 다가오는 것이 보인다. 이곳은 호사비오리 보호지구로서 주민들이 거의 접근할 수 없는 곳이다. 사 사장 직원들이 그동안 보호지구로 들어오는 주민들을 통제하는 것을 본 적이 있는데 어쩌다 할머니는 이곳에 들어오셨을까? 궁금하기도 하고 망태에는 무엇이 들어 있을까 호기심도 생겨 발걸음을 멈추고 할머니를 빤히 쳐다봤다. 할머니도 내가 그런 궁금증으로 바라보는 걸 눈치채셨는지 내 앞에서 발길을 멈추고 구부렸던 허리를 펴면서 "휘유!" 하고 한숨을 길게 내쉰다. 그러고는 뒤돌아보면서 손가락질을 하더니 뭐라고 말씀하시는데 알아들을 수가 없다. 나에게 뭔가 알려주시려는 것 같은데 답답하다. 얼른 무전기를 꺼내 영춘씨를 불렀다. 그리고 할머니에게 무전기로 영춘씨와 통화하게 해주었다. 잠시 무전기로 통화하고 난 뒤 영춘씨가 할머니의 말을 전해주었는데 예상 밖의 내용을 듣게 되었다. 할머니가 걸어온 길 뒤쪽으로 땅바닥에 새 둥지가 있다는 것이다. 뜻밖이다. 그러면서 나를 그 둥지가 있는 곳으로 안내하겠

백두산 자락 호사비오리 보호지
구 내 숲속에서 관찰된 두견이.
이들은 과연 어떤 새의 둥지에
탁란할지 궁금하다.

다고 하신다. 듣던 중 반가운 소식에 할머니 뒤를 따라갔다.

한참을 가시던 할머니가 길도 없는 곳으로 들어가서 풀 속을 이
리저리 헤매며 무어라 중얼거리는데 둥지를 찾지 못하신다. 아마
이 근처 어딘가에 둥지가 있는 모양이다. 당황하시는 할머니에게 영
춘씨를 통해 내가 혼자 찾을 수 있으니 돌아가시라고 했다. 땅바닥
에 있는 둥지가 보이지 않기 때문에 잘못해서 밟기라도 하면 낭패
다. 할머니는 계면쩍게 웃으시며 돌아섰다. 할머니가 손을 흔드시며
숲을 나가고 나 혼자 남겨졌다. 이도백하 주민들은 새 둥지를 건드
리지 않는다는 사 사장의 말이 생각났다. 이들은 자연을 훼손하지

강원도 시골 마을 근처 숲속에서 본 뻐꾸기다. 이 녀석은 붉은머리오목눈이의 둥지가 있는 곳에서 탁란하기 위해 기회를 엿보는 중이었다.

않고 더불어 사는 오랜 전통을 잘 지키고 있는 것이다. 반면 우리는 과연 자연과 더불어 산다고 말할 수 있을까. 이제부터는 할머니가 둥지가 있다고 짐작한 근처에서 조금 벗어난 곳에 있는, 한아름도 넘는 커다란 나무줄기 뒤에 숨었다. 그곳에 기대어 앉아 기다리며 쌍안경으로 들여다보고 있기를 20여 분. 멧새 한 마리가 벌레를 물고 둥지가 있다고 짐작됐던 근처로 날아들었다. 무슨 멧새인지는 알 수 없지만 틀림없이 멧새 종류다. 잠깐 풀 줄기에서 좌우로 경계하던 녀석이 바로 옆 풀 속으로 내려앉는다. "옳지, 저기가 둥지구나!" 확신이 들었지만 이 녀석들은 둥지 가까운 곳에 내려앉아 주변을 경계하면서 종종걸음으로 둥지로 들어가는 습성이 있기 때문에 한 번 더 기다려보기로 했다. 얼마 후 또 한 녀석이 둥지 근처로 왔다. 그러고는 앞서 들어갔던 곳으로 간다. 이제 틀림없다. 잠시 후 그 녀석이 먹이를 잡으러 날아나가는 것을 확인하고 곧바로 그곳으로 달려갔다. 이 녀석들이 다시 둥지로 들어오기 전에 확인하고 자

리를 떠나야 한다. 놀라게 하고 싶지 않다. 둥지에 있는 새끼들이 내 발자국 소리에 당황하지 않도록 까치발로 살금살금 접근했다. 짐작되는 곳의 풀을 헤치자 멧새 둥지가 눈에 들어온다. 새끼들이 동그란 둥지 속에 가득 들어 있다. 이제 부화한 지 1~3일 되는 새끼들이 인기척에 어미가 온 줄 알고 서로 먹이를 먼저 받아먹겠다며 노란 주둥이를 한껏 벌리고 있다. 아직 눈도 뜨지 못한 녀석들이지만 깃털은 듬성듬성 돋아나 있다. 헤친 풀을 얼른 덮어주고 둥지가 보이지 않도록 원래 모습대로 정리한 뒤 돌아섰다.

땅바닥에 있는 이 멧새 둥지를 촬영하기 위해서는 풀을 제거해야 하는데 걱정이다. 풀을 없애 둥지가 훤히 보이면 새끼들이 천적에게 공격당할 게 뻔하기 때문이다. 우리나라에서 이런 둥지를 촬영할 때에는 풀을 머리 묶듯이 묶거나 좌우로 벌려놓았다가 촬영이 끝나면 원위치시켜 둥지가 보이지 않도록 해두었다. 말 못 하는 미물이라 해도 우리와 더불어 살아가는 소중한 생명이기 때문이다. 그런 내 생각을 통역을 거쳐 사 사장에게 전달하려니, 잘될지 걱정이 앞선다. 지난해 알을 품고 있는 꾀꼬리 둥지를 찾아주고 귀국했던 일이 있었다. 며칠 후 영춘씨를 통해 전화가 왔는데, 꾀꼬리 새끼가 부화를 했지만 어미들이 둥지에 들어오지 않는다면서 어떻게 조치해야 하는지 물어왔던 것이다. 그래서 어떻게 촬영했는지 알아보라고 했더니, 둥지 앞을 가리고 있는 나뭇가지들을 시원하게 쳐낸 뒤 둥지가 훤히 보이는 상태로 촬영했다는 게 아닌가. 그 둥지를 촬영하기 위해 어떻게 배려해야 하는지 자세히 설명했지만 통역을 거치는 사이 내 염려는 잘 전달되지 않았던 게 분명하다. 그런 일이 또 일어날까봐 참으로 조심스럽고 걱정이 태산 같다. 사 사장 혼자 촬영하면 같은 실수가 되풀이될까봐 이번에는 함께 촬영하면서 새를 어떻게 배려하고 조심해야 하는지 알려주고 싶다.

큰유리새와 물까마귀

걱정스런 마음을 뒤로하고 다시 개울 옆으로 난 오솔길을 따라 천천히 산책하듯 주변을 살피면서 걸었다. 우리나라에서는 보기 어려운 위수나무들이 개울을 따라 하늘을 덮고 있다. 나무 높이가 30~40미터는 넘을 것 같고 밑동의 굵기가 한 아름은 훨씬 넘는 고목들이다. 파란 이끼가 덮여 있는 나무줄기의 상태로 미루어 몇백 년은 족히 될 듯싶다. 그렇게 오래되고 커다란 나무일수록 중간중간에 자연스런 수공이 생기는 것 같다. 결국 그런 수공에 알을 낳고 새끼를 키우는 호사비오리가 이곳을 찾아오는 것은 당연하다.

가까이에서 뻐꾸기가 목이 쉬도록 울어댄다. 짝을 부르는 것일까? 아니면 벌써 누구의 둥지에 탁란을 하고 걱정하는 어미의 통곡일까? 한참 풀잎을 스치면서 걷는데 하얀 새 한 마리가 높다란 나뭇가지 사이로 날아가는 것이 보였다. 순간 반사적으로 쌍안경의 앵글을 들여다보며 그 새의 뒤를 쫓아 살폈다. 처음 보는 새다. 이름도 모르고 생태도 모르니 이 녀석이 지금 무엇을 하고 있는지 알 길이 없어 답답하다. 높은 나뭇가지에 앉아서 주변을 경계하는 듯 보인다. 한참을 그렇게 두리번거리던 녀석이 옆 가지 사이로 들어간 뒤 모습을 감췄다. 눈을 부릅뜨고 더 자세히 보니 럭비공 같은 둥지가 가지 사이에 낀 듯 불룩하게 드러나 있다. 이 녀석이 이 둥지

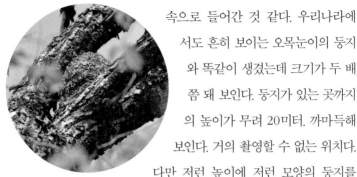

처음 보는 새의 둥지로 짐작되는데 오목눈이의 둥지와 흡사하다. 다만 오목눈이 둥지보다 2~3배는 더 큰 것 같다. 둥지 위치도 덩치에 걸맞게 아주 높은 곳에 있다.

속으로 들어간 것 같다. 우리나라에서도 흔히 보이는 오목눈이의 둥지와 똑같이 생겼는데 크기가 두 배쯤 돼 보인다. 둥지가 있는 곳까지의 높이가 무려 20미터. 까마득해 보인다. 거의 촬영할 수 없는 위치다. 다만 저런 높이에 저런 모양의 둥지를 짓는 것을 우리나라에서는 보지 못했다. 아쉽지만 결국 둥지만 쳐다보다가 새의 이름도 모른 채 지나쳤다. 나중에 기억을 되살려 도감을 찾아봤지만 우리 도감에는 그것과 비슷한 새가 없었다.

백두산에서 관찰한 대부분의 새는 우리나라에서도 많이 봐온 것들이었지만 그중에는 당연히 처음 보는 새도 있었다. 그러나 백두산으로 출사 올 때마다 가졌던 우리나라에서 보지 못하는 새로운 종류의 새를 많이 찾을 거라는 기대에는 한참 못 미친다. 결국 백두산은 우리 곁에 있는 가까운 우리 산임이 분명하다.

오전에 호사비오리 새끼들이 노니는 것을 촬영하면서 개울 건너에서 물까마귀가 둥지 재료를 열심히 물어 상류 쪽에 있는 작은 절벽 사이로 오가는 모습을 본 게 기억 나 근처 개울가에 자리를 잡고 앉았다. 가까운 거리에서 뻐꾸기가 요란하게 울고 숲에서 제일 높은 위수나무 꼭대기 나뭇가지에는 파랑새가 꼼짝을 않고 있다. 파랑새는 자기 둥지를 직접 짓지 못한다. 우리나라에서는 주로 딱따구리의 묵은 둥지나 까치의 묵은 둥지를 활용해 새끼를 기른다. 이도 저도 안 되면 조용한 농가 주택의 연통 속이나 환기구 속에 알을 낳고 새끼를 기르기도 한다. 이런 숲속이라면 근처에 이 녀

파랑새 한 쌍이 나뭇가지에서
서로를 마주 보고 있는데, 수컷
이 먹이를 잡아서 암컷에게 먹
인 후의 모습이다. 파랑새도 알
을 낳거나 품고 있을 때는 수컷
이 암컷의 먹이를 책임진다.

석의 짝이 어느 수공에 산란을 하고 있거나 포란하고 있을 게 틀림 없다. 그러니까 나뭇가지에 앉아서 꼼짝 않고 있는 저 녀석은 수컷일 가능성이 높다. 암컷이 있는 곳 근처에서 경계하면서 둥지를 지키는 수컷의 행동을 익히 봐왔기 때문이다. 그렇게 바람 소리와 새소리를 들으며 나도 잠시 내 존재를 까맣게 잊고 있는데 개울 건너에 물지게를 짊어진 주민이 나타나는 바람에 퍼뜩 정신이 들었다. 주민은 건너편에 내가 앉아 있는 것도 모른 채 느릿느릿 물을 담아 사라졌다. 개울 건너 뒤편에 농가가 있는 것 같다. 그렇게 주변이 소란해서 그러는지 한참 동안 물까마귀가 보이지 않았다. 물을 담아 가던 주민은 내가 조용히 새를 기다리고 있다는 것을 모르기 때문에 무심하다. 마음이 편치 않고 초조하지만 그를 원망할 수는 없는 노릇이다. 야생에는 시나리오가 없다. 언제 어디서 돌발 상황이 벌어질지 전혀 알 수 없다. 야생을 지배하고 있다고 믿는 인간도 결국은 야생과 더불어 살아가는 한 가족일 뿐이다. 조용히 앉아서 내가 원하는 순간이 나타나기를 기다리는 것 말고는 뾰족한 수가 없다는 것이 인간이 야생을 지배하는 것이 아님을 실감케 한다. 하늘을 덮고 있는 높다란 나무들이 바람에 흔들흔들 리듬을 타면서 묘한 하모니를 이루고 바위에 부딪히면서 흐르는 개울물 소리가 장단을 맞추는 게 진정 야생의 심장 뛰는 소리가 아닐까?

둥지에 있는 무력한 새끼들이 혹시나 촬영한다고 자칫 잘못될까 노심초사해야 하고 천적에게 들키지 않을까 늘 마음 졸여야 하는 촬영에 비하면 근심 걱정 없이 홀가분하고 행복한 순간이다. 예전에 누군가의 정보를 받아서 새를 촬영할 때에는 이런 즐거움을 몰랐다. 그저 새의 몸짓과 날갯짓에만 마음이 빼앗기다보니 진정한 야생의 묘미를 느끼지 못했다. 이제는 그런 촬영이 전부인 것으로

청둥오리도 호사비오리와 비슷한 시기에 번식한다. 물에서 먹이활동을 하는 것은 호사비오리나 청둥오리나 다 같은 습성이지만 서로 만나면 일정한 거리를 유지하며 새끼들이 섞이지 않도록 어미가 단속한다.

만 알고 지낸 십수 년의 세월이 참으로 아까울 따름이다. 지난날을 떠올리며 느긋한 행복감에 젖은 나머지 나른해질 즈음, 개울 상류 쪽에서 청둥오리 암컷이 새끼들을 데리고 아래쪽으로 조심조심 내려오고 있었다. 호사비오리처럼 새끼들은 풀잎에 붙은 벌레를 잡으려고 폴짝 뛰어오르기도 하고 돌 틈 사이로 이리저리 분주하다. 청둥오리는 물새이면서도 습지에 둥지를 만들지 않고 꿩처럼 숲속 땅바닥 풀 더미 속에 마른 잎과 풀줄기로 둥그런 둥지를 만들어 번식한다. 그렇지만 새끼가 부화하면 곧바로 개울로 새끼를 인도해 물에서 먹이를 찾는다. 어미는 호사비오리 어미처럼 새끼들의 일거수일투족을 감시하고 보호하면서 먹이가 많은 곳으로 찾아다닌다. 새끼는 모두 열두 마리. 아직은 천적에게 새끼를 잃지

사진 속 모습은 청둥오리 둥지인데, 땅바닥의 무성한 풀 더미 속에 둥근 둥지를 만들고 호사비오리처럼 앞가슴 털을 뽑아 알을 감싼 모습이다. 알은 보통 10~12개이며 산란과 포란 시기는 호사비오리의 번식 시기와 비슷하다.

물까마귀는 강가에 야생화가 피어난 시기에 둥지를 만드는데 호사비오리처럼 물이 깨끗한 곳을 선호한다.

않았으니 어미가 경험이 많은 듯싶다. 새끼를 기르는 어미지만 호사비오리 암컷과는 잘 어울리지 않는다. 서로 경계하면서 새끼들이 섞이지 않도록 미리미리 거리를 유지한다. 그렇다고 상대에 대해 공격적이지도 않다. 같은 개울에서 새끼를 키우며 더불어 살아가는 것이다. 청둥오리 새끼들이 한바탕 물가를 휘젓고 소란을 피우면서 하류로 내려가고 나니 물가는 다시 조용해졌다.

흐르는 물결을 하염없이 바라보며 감상에 젖는데, 건너편에 있는 높이 2미터 남짓의 절벽 중간에서 물까마귀 한 마리가 툭 튀어나와 내가 있는 개울가로 내려앉아 꼬리를 바짝 세우고 까딱거린다. 그러고는 실처럼 가느다란 마른 나무뿌리를 부리로 물어뜯기 시작한다. 열심히 둥지 재료를 만드는 모습이 마치 농부가 밭에서 풀을 뽑고 있는 듯한 모양새다. 한참 동안 부드럽고 가느다란 나무뿌리를 뜯어내던 녀석이 부리 한 가득 재료를 물고는 훌쩍 건너편 절벽 중간으로 날아간다. 가느다란 실 같은 나무뿌리를 물고 가는 것으로 미루어 아직 둥지 바닥을 만들고 있는 것 같다. 그렇게 바닥이 완성되면 그다음에는 파란 이끼를 물어와서 둥지 벽을 만들고 마침내 동그란 밥그릇 모양의 둥지를 완성한다. 눈으로는 확인할 수 없어 쌍안경으로 절벽을 꼼꼼히 위아래로, 좌우로 살펴서 어렵게 둥지 있는 곳을 확인했다. 절벽 중간쯤 틈이 생긴 곳에 한창 만드는 중이었다. 아직 채 완성되지 않은 둥지의 모습이 뚜렷하다. 그런데 짝이 보이지 않는다. 왜 이 녀석은 혼자서 둥지를 만들고 있는 걸까? 이 녀

인공 호수의 작은 절벽 바위틈
에 둥지를 만드는 물까마귀가
둥지 재료를 물고 절벽 위로 날
아오르고 있다.

석이 수컷일까? 그래서 둥지를 만들어놓고 짝을 찾는 것일까? 아니면 암컷은 원래 둥지 만드는 것을 돕지 않는 걸까?

더 지켜봤지만 역시 혼자서 둥지를 만들고 있었다. 건너편 절벽 틈 속에 있는 둥지까지는 30미터도 더 되는 것 같다. 눈으로 보기에는 까마득하다. 그러니까 이 녀석의 둥지 만드는 과정을 촬영하려면 맞은편 숲속에서 하는 수밖에 없다. 가까이 접근해서 촬영하려면 물속으로 들어가야 하는데 그건 가당치도 않다. 물 위로 가끔 호사비오리가 오르락내리락하기 때문이기도 하고 흐르는 물속에 위장을 치고 촬영할 만큼의 절박한 사정이 있거나 희귀한 새도 아니기 때문이다. 우리나라에서도 작은 계곡에 맑은 물이 있으면 종종 이 녀석을 만날 수 있다. 하지만 둥지를 만드는 모습은 송화강 지류인 이 개울에서 처음 보는 것이라 촬영 욕심이 났지만 거리가 좀 멀어서 어쩔 수 없이 포기해야 했다.

바위 절벽 틈 속에 만들고 있는 물까마귀의 둥지가 살짝 보인다. 우리나라 물까마귀는 보통 이끼로 둥지를 만드는데 신축성과 보온성이 좋기 때문으로 짐작된다. 즉 물에 젖어도 별 탈이 없다는 점을 알고 있는 듯하다.

살짝 낙심하고 있는데 뜻밖에도 큰유리새 수컷이 먹이를 물고 내가 앉아 있는 옆 버드나무 가지에 앉아 나를 빤히 쳐다본다. 불과 5~6미터 거리에서 겁 없이 마주하면서도 피할 것 같지 않은 행동이 수상하다. 틀림없이 내 근처에 둥지가 있을 것 같다. 녀석을 빤히 보면서 나도 꼼짝 않고 얼어붙었다. 조금이라도 움직이면 녀석이 도망 갈 게 뻔하다. 올려다본 그대로 동작을 멈추다보니 목이 뻣뻣해진다. 내 앞으로 한 걸음을 나가면 1미터 높이의 급격한 흙 벼랑이 있는데 그 밑은 강바닥이다. 그러니까 내가 그 흙 벼랑 위에 있고 큰유리새는 내 머리 위에 있다. 큰유리새도 물까마귀처럼 바위 절벽 틈새 같은 곳에 둥지를 만드는 것을 좋아하기 때문에 이 녀석도 맞은편 바위 질벽 어딘가에 둥지가 있을 거라고 짐작했다.

'이 녀석은 나를 경계하다가 물 건너 맞은편으로 날아가겠지. 그래, 그러면 한 장소에서 두 녀석의 둥지를 관찰할 수 있을 거야.'

혼자서 뜻밖의 횡재를 만난 듯 입가에 미소가 번진다. 그런데 이

강원도 깊은 계곡 바위 위에 둥지를 만든 물까마귀가 새끼에게 먹이를 주는 모습이다. 산새 둥지처럼 외부에 둥글게 지은 것은 좋아하는 돌 틈이나 은폐된 곳이 없는 지역이기 때문으로 짐작된다. 결국 환경에 적응한 사례라고 볼 수 있다.

물까마귀는 이름처럼 물속에서
먹이를 사냥하는데 주로 날도래
유충을 좋아하고 물 위로 날아
다니는 물벌레들과 때로는 작은
물고기도 사냥한다.

녀석이 생각보다 오래 그대로 앉아 움직이지를 않는다. 심하게 말하면 너무 오래 있어서 물고 있는 벌레가 말라비틀어질 지경이다. 꼿꼿이 세웠던 허리에 힘을 풀려고 의자 등받이에 살며시 기대면서도 녀석의 눈치를 살펴야 했다. 큰유리새와 기이한 눈싸움을 하는 와중에도 물까마귀는 열심히 물 위를 오간다. 청둥오리 어미가 새끼들을 데리고 물까마귀 둥지 아래쪽을 지나서 상류로 가고 있다. 뻐꾸기는 여전히 뻐꾹거리고 귀제비 무리는 물 위를 분주히 스치며 날고 있다. 파란 하늘에는 뭉게구름이 떼 지어 한가롭게 지나간다. 자연은 모두 제 갈 길로 가는데 나와 큰유리새만 정지해 있다. 이 녀석, 물 건너편 절벽 틈에 둥지가 있다면 이렇게 오랫동안 나를 경계하지 않아도 될 것 같은데 조금 이상하다. 곰곰이 생각해보니 혹시 내가 앉아 있는 곳 근처에 둥지가 있는 것 아닐까 하는 의구심이 든다. 그러면 내가 물러나주어야 한다. 이 녀석에게 안심할 수 있는 적당한 거리를 확보해주어야 할 것 같다는 생각이 퍼뜩 들었다.

이도백하 인근 호사비오리 자연 보호지구 내의 인공 호수. 뭉게구름이 바야흐로 계절이 봄에서 여름으로 바뀌고 있음을 알려준다.

살며시 의자를 들고 일어나 뒷걸음으로 한참을 물러났다. 그리고 다시 나무 뒤에 반쯤 몸을 숨기고 앉았다. 그러나 내 움직임을 빤히 쳐다보고 있는 큰유리새는 여전히 그 자리에서 꼼짝하지 않았다. 지금까지 이런 녀석은 본 적이 없다! 이 녀석과의 거리가 이제는 제법 떨어졌으니 곧 움직이겠지. 쌍안경으로 들여다보면서 마음이 초조해진다. 아니나 다를까, 내가 있는 쪽을 힐끗 쳐다보더니 강 건너편으로 가지 않고 예상대로 조금 전 내가 앉아 있던 바로 아래쪽 흙 벼랑으로 날아 내리는 것이 아닌가! 급경사의 흙 벼랑 쪽은 강바닥으로 내려서지 않는 한 보이지 않는다. 이렇게 위에 앉아서는 이 녀석의 행동을 확인할 수 없어 궁금하고 답답하지만 조바심 나는 것을 참아야 한다. 뜨거운 커피를 호호 불어 두어 모금 홀짝거리며 마실 정도의 시간이 흘렀을까. 이 녀석이 오랫동안 나와 대치하며 앉아 있던 나뭇가지로 슬쩍 다시 나타났는데 부리에 물고 있던 벌레가 없어졌다. 틀림없이 둥지에 있는 새끼들에게 먹이고 나온 것이리라. 내 예상이 맞았다. 이 녀석은 내가 앉아 있던 곳 가까운 데에 둥지를 두고 있었던 것이다. 그래도 혹시 속임수일지 몰라 꼼짝 않고 더 기다려보기로 했다. 잠시 후 그 수컷이 날아 나가자마자 어디서 보고 있었다는 듯 금세 암컷이 날아와 수컷이 앉았던 그곳에 내려앉아 주위를 경계한다. 역시 벌레를 물었다. 그러고는 망설이지 않고 곧바로 수컷이 날아 내렸던 흙 벼랑 쪽으로 사라졌다. 흙 벼랑에 둥지가 있는 것이 틀림없다. 잠시 후 암컷이 날아 나가는 것을 확인하고 얼른 자리에서 일어나 경사진 흙 벼랑이 완만한 곳을 따라 물가에 내려섰다. 그리고 큰유리새가 날아 내리던 근처의 흙 벼랑 쪽으로 접근하며 살피기 시작했다.

개울물이 흐르면서 숲 쪽의 흙을 침식해 깎여나간 자리에는 나무뿌리들이 뒤엉킨 흙 벼랑이 강물을 따라 길게 형성되어 있었다. 어느 곳은 작은 토굴처럼 깊게 파여 있어 한낮인데도 속이 컴컴하다. 그런 곳은 더 꼼꼼히 들여다보면서 물가를 따라 살피기 시작했다. 큰유리새의 습성으로 보면 이 작은 흙 벼랑에도 충분히 둥지를 만들 수 있기 때문이다. 낮고 컴컴한 나무뿌리 사이에 흙 벼랑이 있어서 발을 멈추고 머리를 디밀어 그 속을 한참 들여다보는데 근처에 언뜻 움직이는 뭔가가 느껴졌다. 엉거주춤 흙 벼랑 속을 들여다보던 자세로 머리만 살짝 들어보니 이게 웬일인가. 조금 전에 나와 한참을 대치했던 수컷이 불과 1미터 남짓한 거리의 흙 벼랑에 엉켜 있는 나무뿌리에 앉아 있는 것이 아닌가. 언제부터 와 있었던 걸까? 손을 뻗으면 잡힐 정도의 거리다. 순간 놀라고 당황했다. 이런 황당한 일이! 새 먹이로 오랜 시간 유인해서 가까이한 적은 있지만 야생에 있는 새와 우연히 이렇게 가까이에서 마주친 적은 없었다. 낭패다. 생각이 복잡해진다. 한 걸음 떼며 움직이려다 말고 또 아이들 얼음땡 하는 놀이처럼 동작을 멈추었다. 나와 그 녀석 모두 꼼짝 않은 채 그렇게 시간은 멈추었다. 이 녀석이 이렇게 가까이 날아온 게 아무래도 이상해서 눈동자만 살짝 돌려 컴컴한 흙 벼랑 속을 들여다보니 거짓말처럼 바로 눈앞에 둥지가 희미하게 보인다. 믿기지 않아서 보고 또 봤더니 큰유리새 둥지가 맞다. 건너편 바위 절벽이 보기에는 멋질지 몰라도 이곳처럼 은밀하지는 않았던 모양이다. 역시 천혜의 자연 조건에 둥지를 만들었구나. 감탄이 절로 나온다.

큰유리새는 우리나라 여름에 찾아와 새끼를 키우는 여름 철새로서 흔히 볼 수 있다. 이 녀석들은 작은 계곡의 바위 절벽 틈 속에 주로 둥지를 만드는데 때로는 산속의 폐허가 된 간이 화장실의 남

백두산 호사비오리 자연보호지
구에 있는 인공 호숫가에 둥지
를 튼 여름 철새인 큰유리새 수
컷. 둥지 근처의 나무에 앉아 주
변을 살피고 있다.

큰유리새 암컷. 대부분의 암컷이 그렇듯 수컷의 화려한 색깔과는 대조되게 수수하고 눈에 잘 띄지 않는다.

자 소변기 위에 둥지를 틀기도 하고 계곡물 위에 설치해놓은 나무 평상 밑에도 둥지를 짓는다. 특히 인간을 크게 두려워하지 않는 것 같다. 밝은 한낮인데도 둥지 속은 컴컴하다. 그 안에 새끼들이 가득 들어 있다. 역시 위험을 감지했는지 새끼들이 모두 둥지 속에 얼굴을 묻고 납작 엎드려 있다. 얼굴을 돌리지 못한 채 둥지를 보고 수컷을 보느라 눈이 아프다. 이 녀석이 도망을 가야 내가 움직일 텐데 참 난감하다. 손을 내밀면 닿을 만한 거리에서 부리에 먹이를 물고 있는 녀석과 대치하게 될 줄은 미처 몰랐다. 이렇게 겁도 없이 가까이에 있을 줄이야! 한편으로는 이런 경험을 누가 했을까 싶은 생각에 어이가 없다. 내가 물러나지 않으면 가지 않을 것 같다. 수컷이 이렇게 둥지에 있는 제 새끼들을 위해서 처절하게 온몸으로 막아서고 있다는 것이 믿기지 않는다. 지금까지 이런 수컷의 행동을 보지 못했으니 과연 누가 이 사실을 믿어줄까? 둥지와의 거리는 불과 60센티미터이고 수컷과의 거리가 1미터쯤인데, 녀석은 엉거주춤 서

충청도 아산 계곡에 있는 작은 바위 절벽 틈에 둥지를 만들고 새끼를 키우고 있는 큰유리새 수컷의 모습이다. 물까마귀처럼 계곡을 끼고 둥지를 만드는 큰유리새도 둥지 재료로 주로 파란 이끼를 활용한다.

큰유리새 암컷이 새끼에게 먹이를 먹이고 있다. 모든 새는 새끼가 부화하면 암수가 합심하여 먹이를 사냥해 새끼에게 먹인다. 이는 둥지의 새끼들이 많이 먹고 하루라도 빨리 자라나서 그곳에서 벗어나길 바라는 어미들의 본능일 것이다.

있는 내 모습이 무섭지 않은 걸까? 아니면 둥지를 지키려는 부성이 강해서일까? 짧은 순간 많은 생각이 머리를 스친다. 내가 물러나야 이 문제가 해결될 것 같다. 조심조심 뒷걸음질을 쳤다. 내가 그렇게 움직이는데도 수컷은 여전히 부동의 자세로 나를 주시하고 있다. 그러다가 내가 둥지에서 몇 걸음 멀어지자 수컷도 훌쩍 날아 좀더 높은 나뭇가지로 옮겨 앉는다. 참 대단한 녀석이다. 보통의 새들은 둥지 근처에 사람이 접근해오면 10미터 이상 날아서 도망간다. 헌데 이 녀석은 상식에 어긋나는 행동을 한다. 반면 암컷은 매우 예민했다. 수컷이 혹시 나이가 많이 든 늙은 녀석인지, 아니면 이제 번식을 처음 하는 초짜인지 궁금하다. 멀리서 주시하면서 수컷이 둥지에 날아들어 새끼에게 먹이를 먹이고는 똥을 받아 물고 날아 나간 뒤 암컷이 날아드는 것도 확인했다. 그래도 이들이 둥지를 들키고 난 뒤 어떤 돌발 행동을 할지 궁금해서 밤톨만 한 몰래 카메라를 둥지 앞에 설치하고 물러났다. 그 몰래 카메라가 자동으로 큰유리새를 촬영하는 시간 동안 물까마귀가 둥지 만드는 모습을 촬영하며 시간을 보내기로 했다.

강을 건너서 사무실에 두고 온 카메라를 메고 되돌아왔다. 바위 절벽 맞은편 숲속에 몸을 숨기고 앉아 조용히 촬영을 시작했다. 물까마귀는 아무런 경계도 하지 않고 열심히 둥지를 짓느라 분주했다.

한참을 그렇게 촬영하고 있는데 강 상류 쪽에서 호사비오리 암

호수 위쪽에서부터 강을 따라 내려오면서 호사비오리 어미는 새끼들이 먹이 사냥을 잘할 수 있는 곳으로 인도한다. 어미는 사냥을 해서 새끼에게 먹이는 것이 아니라 먹이가 많은 사냥터에 새끼들을 안내하는 역할을 한다.

호사비오리 어미가 호수 가장자
리 작은 물고기가 있는 곳으로
새끼들을 안내하고 있다.

호사비오리 어미가 안내하는 곳
으로 온 새끼들이 자기 능력에
맞는 작은 물고기를 자맥질해서
잡는 모습이다.

한동안 물고기 사냥을 하다가
새끼들이 더 이상 사냥하지 못
하게 되면 호사비오리 어미는
새끼들을 다른 곳으로 안내한
다. 새끼들은 그런 어미를 잘 따
른다.

컷이 새끼들을 데리고 내가 있는 곳 근처로 내려오는 게 보였다. 지금은 멀리 있기 때문에 나를 발견하지 못하지만 조금 더 내려오면 나를 보고 다시 상류 쪽으로 도망갈 게 뻔하다. 위장텐트를 가지고 오지 않은 것을 후회만 하고 있을 수는 없다. 얼른 풀밭에 엎드렸다. 카메라를 낮추고 땅에 바짝 엎드려서 내 모습이 보이지 않도록 최대한 몸을 낮추었다. 무릎 높이의 풀들이 자연스럽게 내 몸을 덮는 형국이 되었다. 그 호사비오리는 내가 있는 물가 쪽이 아니라 강 건너편 바위 절벽 쪽으로 내려오는데 역시 어미는 주변을 쉼 없이 경계하면서 내려오는 반면 새끼들은 어미의 긴장에도 아랑곳 없이 천방지축이다. 강 건너편이라 거리가 좀 멀기는 해도 경계하지 않는 자연스런 움직임을 촬영할 수 있어서 생각지도 않은 행운을 잡은 느낌이다.

물속에서 먹이활동을 하던 암컷이 절벽이 끝나는 지점쯤 해서 물가에 있는 평평한 바위 위로 올라섰다. 덩달아 새끼들도 어미를

그렇게 어미를 따라 사냥하다가 배가 불러온 새끼는 물가의 작은 바위 위로 올라 몸을 말리기도 한다.

따라 뭍으로 올라서서 어미 주위에 옹기종기 모여 어미가 하듯 깃털을 다듬는다. 몸을 부르르 떨며 깃털에 묻은 물을 털어내는 녀석도 있고 아직은 날개라고 하기에는 너무 작은 것을 활짝 펼치고 두 다리로 일어나서 활갯짓을 하는 녀석도 있으며, 여물지 않은 노란 부리로 좌우로 고개를 돌리면서 깃털을 다듬는 녀석도 있고, 어미 가슴 밑으로 파고들며 잠을 청하는 녀석도 있다. 각자 부지런히 움직이는 앙증맞은 모습에 정신없이 셔터를 눌러댄다. 선명하게 잘 찍은 작품을 기대할 때가 아니다. 이런 애기 같은 천진한 모습을 볼 수 있는 것만으로도 행운이 아닌가! 잠깐 뭍에서 깃털을 다듬고 고개를 등 위에 파묻고는 잠을 청하던 어미가 몸을 털고 고개를 들었다. 어미 가슴 밑에 있던 새끼들도 하나둘 자리를 털고 나와 성질 급한 녀석은 누군가에게 뒤질세라 어미가 물에 들어가기도 전에 벌써 물 위로 곤두박질친다. 혹시나 이들의 휴식을 방해할까봐 걱정되어 풀밭에 꼼짝 않고 누워 있던 것이 빌미가 되었던지 그 사이

새끼들의 먹이활동이 뜸해지면 호사비오리 어미는 새끼들을 젖지 않은 바위 위로 안내해서 몸을 말리고 깃털 정리도 한다.

몸을 말리고 깃털 정리가 끝나
면 호사비오리 어미와 새끼들은
고개를 등에 얹고 깊은 잠에 빠
져 휴식을 취한다.

불과 10분이 안 되는 시간 동안
잠을 자고 휴식을 취한 호사비
오리 어미가 긴 하품을 하며 깨
어나면 새끼들도 덩달아 몸을
털고 잠에서 깬다.

진드기 몇 마리가 내 몸 여기저기 붙어서 피 잔치를 벌이고 있었다. 늦은 밤 샤워를 하다가 진드기를 발견하고는 기겁했다. 어떤 녀석은 머리가 내 몸 깊이 박혀서 아무리 잡아떼려고 해도 떨어지지 않았다. 이미 잠든 영춘씨를 불러 진드기를 떼어내는 소란을 피우고서야 진정되었다. 호사비오리 새끼들과 보이지 않는 교감으로 행복했던 그 순간을 진드기가 시샘했던 것 같다.

호사비오리 가족이 다시 강 상류로 올라간 뒤에야 부스스 풀밭에서 일어났다. 엎드린 자세에서 촬영한다고 고개만 발딱 들고 있었더니 목덜미가 뻐근하고 허리도 뻣뻣하다. 잠시 앉아서 허리며 목을 주무르고 있는데 물총새 한 마리가 작은 피라미 한 마리를 부리에 물고 하류 쪽에서 총알처럼 날아와서는 맞은편 절벽이 시작되는 곳 물가 버드나무 가지에 앉는다. 먹이인 물고기의 머리를 앞으로 향하게 물었다. 물고기의 머리가 앞으로 향하도록 물고 있다는

휴식이 끝난 호사비오리 가족이 호수 가운데를 가로질러 강 상류 여울 쪽으로 오르고 있다. 어미는 마치 누가 뒤를 쫓아오는 것처럼 도망가는 듯한 경계의 몸동작을 보이고 있다.

247

우리나라에서도 흔히 관찰되는 여름 철새인 물총새가 인공 호숫가에 날아와 앉았다. 둥지가 있는 곳을 바라보면서 둥지로 들어가도 괜찮은지 주변을 살피는데, 물고기 크기로 미루어 새끼들이 제법 덩치가 커진 모양이다.

것은 암컷에게 건네주든가, 아니면 새끼에게 먹이려는 행동이다. 먹이를 잡아서 제가 먹으려고 할 때에는 물고기 머리부터 삼키기 때문이다. 어디로 가는지 살피려고 앉은 자세로 쌍안경을 들여다보았다. 잠깐 나뭇가지에 앉아서 꼬리를 까딱이던 녀석이 훌쩍 날아서 강 건너의 바위 절벽 옆 경사진 길을 지나 절벽 뒤로 사라졌다. 절벽 뒤편에는 외딴 농가가 있는 것으로 알고 있다. 그곳 어딘가에 흙 벼랑이 있지 않을까 짐작된다. 물총새는 거의 모든 둥지가 직벽으로 된 흙 벼랑에 구멍을 파고 둥지를 만든다. 지금은 한창 새끼를 키울 시기다. 물총새도 여름 철새인데 우리나라 최북단인 이곳 백두산 자락까지 올라와서 번식한다는 게 참 놀랍다. 남한에도 둥지를 만들 수 있는 흙 벼랑이 얼마든지 있는데 왜 멀리멀리 힘들게 날아서 여기까지 올라왔을까? 물총새가 날아가고 커피 한잔 마실 시간이 지났을까, 다시 물총새가 강물 위로 나타나 총알처럼 날아 하류로 내려갔다. 물총새의 날아가는 모습을 보면 바쁜 사람이 헐

물총새는 주로 깊지 않은 물가에서 사냥하는데 때로는 사진 속처럼 부리를 창처럼 사용해 물고기를
쩔러 잡기도 한다.

둥지 정면에 앉아 둥지로 들어가도 이상이 없는지 주변을 경계하는 물총새. 잡은 물고기를 패대기쳐서 죽인 다음 물고기 입이 앞으로 향하게 물고 있다. 물총새는 둥지 입구를 향해 직선으로 날아드는 습성이 있다.

물총새는 몸통과 꼬리 크기에 비해 날개가 훨씬 더 큰 구조 때문인지 제자리 비행에도 능하고 이동할 때 육안으로는 거의 날개가 보이지 않을 만큼 빠르게 날갯짓을 한다.

레벌떡 뛰어가는 모습이 연상된다.

둥지에 있는 새끼가 먹이를 달라고 자꾸만 보채는 모습이 떠오른다. 좁은 흙 벼랑 구멍 속에서 네다섯 마리의 새끼들이 어미가 오기만을 목 빠지게 기다리고 있으니 어미는 한시도 쉴 수 없다. 강물이 한가롭게 흐르고 귀제비만 여유롭다. 부스스 자리에서 일어나 카메라를 가방에 챙겨 메고 조금 전 큰유리새 둥지 앞에 설치해둔 꼬마 카메라를 거두었다. 큰유리새 새끼들은 여전히 인기척에 서로의 몸에 얼굴을 파묻고 "나 죽었소" 한다. 그 모습에 피식 웃음이 난다. 나는 늘 길을 가다가 생면부지의 어린아이를 보면 그 천진난만함에 절로 미소가 나는데 아마 그때와 같은 웃음일 것이다. 그리고 별 탈 없이 잘 있는 새끼들의 모습을 보면서 "얘들아, 미안하다" 하고 마음속으로 속삭이는 버릇도 생겼다. 숲을 따라 걸어 내려와서 강물이 흘러넘치는 댐 위를 조심조심 건넜다. 댐 위로 찰랑찰랑 넘치면서 흐르는 물이 내 신발을 휘돌아 댐 아래로 떨어지는 소리가 시원하다. 그렇게 물을 건너 다시 바위 절벽이 있는 상류로 올라서 물총새가 물고기를 물고 날아갔던 곳을 찾아갔다. 혹시 둥지를 찾을 수 있을까 기대하며 경사진 오솔길을 따라 절벽 뒤로 넘었다. 절벽 위에는 넓은 밭고랑이 나타나고 그 끝에는 농가 한 채가 있었다. 밭과 절벽 사이로 물총새가 날아가던 방향을 따라 한참을 갔지만 흙 벼랑은 보이지 않는다. 내 생각보다 더 멀리 둥지가 있는 것 같다. 농가 마당에 묶여 있던 누런 개 한 마리가 늘어지게 누워 있다가 벌떡 일어나서 컹컹 짖으며 나에게 달려올 태세다. 개 목줄이 팽팽하게 당겨지고 누렁이가 숨넘어가듯 짖는 소리에 멈칫 걸음을 멈추고 그 앞을 지나갈까 말까 망설이다 결국 돌아섰다. 겉으로는 짐짓 태연한 척하면서. 서산으로 기운 해가 높은 나뭇가지에 걸렸다.

10_
백두산 정상으로

호사비오리가 살고 있는 개울 주변 숲속에서 더불어 살아가는 새들을 찾아다녔던 다음 날, 사 사장과 백두산 정상에 오르기로 약속되어 있었다. 사 사장 직원이 정상에 있는 직원들의 부식을 싣고 배달하러 가는 날이기 때문에 그 차에 동승하기로 했다. 약속한 시간에 호텔 마당에 도착한 부식 차에 올랐다. 우리의 1톤 트럭 같은 것인데 운전석 옆에 조수석이 있고 그 뒤에 승용차처럼 뒷좌석이 있는 구조다. 좌석 뒤에는 덮개가 없는 화물칸도 있다. 화물칸에는 이미 부식을 담은 자루가 한가득 실려 있다. 부식 차를 운전하는 직원도 오래전 산 사진을 찍을 때부터 알고 지내던 젊은이라서 운전석 옆에 앉아 반갑게 인사하고 농담도 나누었다. 시내를 벗어나 백두산으로 가는 길에는 양옆으로 울창한 나무숲이 끝없이 펼쳐진다. 예전과 다른 점은 가는 길 중간중간에 호텔 간판과 콘도 간판이 보인다는 것이다. 그동안 많은 시설이 들어선 것에 격세지감을 느낀다.

그렇게 20분을 달렸을까. 백두산으로 들어가는 첫 번째 관문이 나온다. 그곳에 잠깐 멈춰 서서 출입 확인을 받고 관광단지 안으로 들어갔다. 그곳에도 사 사장이 운영하는 매점이 있어 실어온 물건을 내리는 동안 건물 안으로 들어가 사 사장의 가게도 둘러봤다. 관광 상품을 파는 가게를 운영하고 있고 홀에는 백두산 입장권을 파는 매표소도 있다. 다시 말해 버스 대합실 같은 곳이다. 우리

백두산 정상으로 향하는 산길
에서 북쪽을 바라 본 모습. 백두
평원이 작은 산들과 이어지며
끝없이 펼쳐지고 그 사이에 백
두산 아래 첫 동네인 이도백하
가 한눈에 들어온다.

는 다시 부식 차에 올라 백두산에 오르는 산 입구를 통해 고갯길을 달리기 시작했다. 이제 백두산 능선을 타는 길에 들어선 것이다. 자작나무가 울창한 길을 돌고 돌아 갑자기 나무 한 그루 없는 휜한 능선이 나타났다. 아직 백두산 정상은 보이지 않지만 내려다보이는 먼 곳으로 백두 평원이 시원스레 펼쳐지고 이도백하가 아스라이 보인다. 가슴이 확 트이는 느낌이다. 급경사와 꼬부랑 고갯길을 휘돌때마다 차가 한쪽으로 쏠리고 몸도 내동댕이치듯 문짝에 부딪혀 혹시나 그 충격에 차문이 열리면 길 밖으로 떨어지지나 않을까 조마조마하다. 나도 모르게 손잡이를 꽉 쥐게 돼 손에 쥐가 날 지경이다.

능선과 능선 사이의 계곡에는 시커먼 먼지를 뒤집어쓴 녹지 않은 눈이 아직 겨울이 물러가지 않았음을 묵묵히 대변한다. 이도백하는 봄을 지나 여름으로 가는 길목인데 이곳은 아직 겨울이다. 살을 에는 듯한 겨울바람에 놀라 열었던 창문을 황급히 닫았다. 모두들 말이 없다. 정상으로 가는 길에 막연한 두려움을 느껴 말을 잊어버린 것만 같다. 능선에는 겨우내 얼었던 마른 풀잎들이 거센 바람에 심하게 흔들릴 뿐 기대했던 봄꽃은 하나도 보이지 않았다. 흑풍구를 지나면서 점점 더 깊은 겨울로 들어서는 것 같아 마음도 같이 얼어붙었다. 부식 차를 운전하는 젊은이만 애써 태연한 척 무어라 계속 떠들어댄다. 일주일에 두 번 정상에 오른다는 그는 이곳 분위기에 익숙할 것이다. 차창에 부딪히는 바람 소리가 점점 더 크게 들린다. 강한 바람에 배가 흔들리듯 차가 좌우로 흔들린다. 그 거센 바람 소리에 몸도 마음도 하나같이 주눅 들었다. 롤러코스터 같은 차 안에서 백두 평원을 감상하려던 마음은 사라지고 자꾸만 정상이 얼마 남았는지 쳐다보게 되는 초조함만 들었다.

거의 180도로 심하게 굽은 낭떠러지 경사 길을 아슬아슬하게 몇

백두산으로 오르는 산길이 굽이 굽이 이어지면서 자작나무 숲을 빠져나오면 흑풍구 근처를 지난다. 그 위로는 겨울 풍경을, 그 아래로는 여름 풍경을 감상할 수 있다.

번 휘돌고 나서 언뜻 올려다본 능선 위로 백두산 기상대가 우뚝 솟아 있었다. 그 뒤로 짙은 안개가 넘실넘실 춤추며 기상대를 삼켰다 뱉어내는 것을 보니 「오즈의 마법사」에 나오는 마녀의 성이 떠오른다. 백두산 정상을 수십 번이나 올랐지만 그때마다 천지를 볼 수 있다는 설렘보다는 막연한 두려움이 더 컸던 까닭에 이런 생각이 드는가보다. 그 두려움이 추위 때문인지, 태풍 같은 바람 때문인지, 아슬아슬한 경사길 때문인지는 몰라도 늘 그랬다. 두려움은 기상대 숙소에 도착해서 그곳에 상주하고 있는 사 사장 직원들이 까만 얼굴에 반짝반짝 빛나는 눈웃음으로 인사하는 모습을 보고 나면 눈 녹듯 사라졌다. 참 신기했다. 오늘도 마찬가지였다. 모두들 두툼한 겨울 점퍼를 입고 있는 모습을 보면서 백두산 정상에 올라왔다는 것을 실감한다. 백두산 풍경을 찍으려고 온 게 아니라 정상에서 번식하는 새를 찍으려고 백두산에 오른 것은 이번이 처음이라 감회가 남다르다. 무척 흥분되고 기대된다. 그러고 보니 정상에서 우연히 새를 찍었던 2002년 9월의 기억이 새삼 떠오른다.

사진처럼 흑풍구 위로는 아직 겨
우내 쌓였던 계곡의 잔설이 그대
로라 겨울이 물러가지 않았음을
실감하게 한다. 반면 그 아래로
는 눈이 완전히 녹아 없어진 따
뜻한 봄의 풍경이 느껴진다.

중국 정부에서 운영하고 있는 기상대. 중국 쪽에서 제일 높은 천문봉 정상 바로 아래 평평한 지대의 아래쪽에 지어져서 흑풍구를 지나면서부터는 기상대의 모습이 보인다. 태풍 같은 강한 바람과 폭설에 견딜 수 있도록 지붕 구조가 독특하게 되어 있다.

천문봉에서 자하봉 쪽으로 급경사를 내려오다가 평평해진 곳에 설치한 비석의 모습이다. 이곳에서 천지를 내려다보면 오른쪽으로는 천문봉이, 왼쪽으로는 화개봉과 자하봉이 보이고 건너편에는 북한 쪽 장군봉이 가깝게 보여 많은 관광객이 찾아든다.

백두산의 9월이면 가을에서 겨울로 접어드는 시기다. 이때 아마도 가을 풍경을 염두에 두고 여정에 올랐던 것으로 기억된다. 백두산 북쪽 봉우리 중 가장 높은 천문봉 왼쪽 아래 능선에 중국 주석이었던 덩샤오핑이 친필로 '천지天池'라고 쓴 비석이 있다. 그 비석 앞에서 천지와 어우러진 백두영봉들의 가을 분위기를 찍으려고 카메라를 설치했다. 필름을 넣고 노출을 재서 렌즈에 있는 타임과 조리개를 맞추고 셔터를 누를 가장 좋은 순간을 기다리고 있었다. 지금은 디지털카메라로 여러 컷을 찍었다가 마음에 드는 컷을 고르는데, 당시에는 몇 장 안 되는 필름을 함부로 사용할 수 없었다. 최상의 촬영 조건이라고 판단될 때 셔터를 눌러야 했다. 만약 필름을 다 썼는데 그다음에 더 좋은 장면이 펼쳐지면 그저 탄식만 하고 찍을 수 없는 안타까움에 발을 동동 구를 때가 한두 번이 아니었던 터라 머릿속에서 언제나 최상의 풍경을 그리면서 셔터 누를 순간을 기다려야 했다. 그때도 적당한 구름과 최상의 빛의 각도를 기다리며 한눈팔지 않고 시시각각 변하는 천지의 모습을 주시하고 있었다. 해가 많이 떠오르면 색 온도가 변하기 때문에 이런 날은 특히 천지 물빛이 잉크 빛으로 변하는 순간을 기다린다. 물론 새 사진도 새가 언제 날아올지 몰라 한없이 기다려야 하지만, 산 사진은 마음에 드는 빛과 아름답게 변하는 풍경을 기다려서 찍는 습관이 더더욱 몸에 배어 있었다. 그 마음에 드는 풍경이 한 시간 뒤에 있을지 한나절 뒤에 있을지 모르지만 언제나 희망과 설렘으로 기다렸다. 그런 기다림의 순간이었다. 갑자기 카메라 앞에 있는 작은 바위 위로 새 한 마리가 훌쩍 날아와 앉았다. 내가 코앞에 서 있는 것을 알면서도 날아왔는데 그때는 새 이름도 모르고 그저 기다리는 지루함을 덜기 위해 필름을 아끼지 않고 한 컷 찍었다. 물론 한편으로는 천지를 배경으로 새 한 마리가 모델을 서고 있다는 신기함 때문에 아까운 필름을 사용했기도 하다. 결국 그 당시 무심히 찍었던 한 컷이 백두산 풍경 사진이라기보다는 백두산에서 찍은 최초의 새 사진으로 기록되었지만, 지금 생각하면 찍고 싶어도 찍을 수 없는 기막힌 새 사진이었다.

나중에 확인해보니 그 새는 바위종다리라는 새였고, 주로 산 정상에 있는 바위 사이를 날아다닌다고 해서 이름에 바위라는 명칭이 붙여졌다는 사실도 알게 되었다.

우리나라에서는 진안의 마이산 정상에 있는 당나귀 귀 모양의 커다란 암벽이 있는데 이곳에서 바위종다리가 심심찮게 발견되고 북한산 정상 바위 근처에서 보이기도 한다. 새 사진을 찍으면서 사 사장에게 이 바위종다리가 백두산 정상에서 번식하는 것을 촬영하고 싶다고 얘기한 적이 있는데 그 후 사 사장은 직원들을 시켜 둥지를 찾았다고 했다. 어미가 새끼를 키우는 모습을 정상 아래쪽에

천문봉과 자하봉 사이에서 떠
오르는 해돋이를 촬영하려고 세
시간에 걸친 야간 산행을 했다.
용문봉 아래 도착해서 해가 오
를 때까지 기다렸다가 찍은 장면
이다.

천문봉에서 바라본 천지의 모습.
해가 오른쪽 봉문봉 너머로 지
면서 붉은 낙조를 남겼다. 이 장
면을 상상하면서 해가 지기 전부
터 카메라를 설치하고 기다렸다.

덩샤오핑의 친필로 쓴 천지 비석
앞에 카메라를 설치하고 천지가
짙은 잉크색으로 보이는 순간을
찍으려던 중 카메라 바로 2미터
앞에 있는 바위 위로 한 마리 새
가 날아들었다.

바위종다리 한 마리가 백두산 정상의 바위와 바위 사이로 날아다니며 먹이활동을 하는 모습이다. 바위종다리는 해발이 높고 바위가 많은 산에서 활동하는 특이한 새다.

있는 흑풍구 근처에서 촬영했는데 작은 바위틈 속에 둥지가 있어 흡족할 만큼은 찍지 못했다고 시큰둥하게 말하는 것을 부러워하며 들은 적이 있다. 해발 2500미터 높이의 삭막한 환경에서 새가 둥지를 튼다는 사실이 신기하기도 하고 특히 백두산에서 번식하는 이 새의 생태가 궁금할 뿐 아니라 아직까지 그 실태가 공개되지 않았다는 점이 욕심을 나게 했다. 오늘도 이 새를 촬영할 욕심에 천지의 모습을 보는 것도 잊은 채 기상대 근처의 능선을 돌아다녔다.

백두산 정상의 기상대 근처에서 살짝 덮여 있는 눈 사이를 오가며 벌레를 잡는 모습이다. 이렇게 해발이 높은 곳에서 서식하는 벌레를 좋아하는 이유가 궁금하다.

백두산 정상의 매점 직원들이 묵는 숙소 마당에 나타난 바위종다리가 먹이를 찾고 있다. 가까이에 있는 사람도 크게 경계하지 않는 게 이채롭다.

물론 관광객에게 빌려주는 겨울용 긴 점퍼를 입었다. 6월의 봄이라지만 아직은 정상의 바람이 겨울처럼 매섭다. 산 정상은 나무 한 그루 없는 삭막한 자갈밭이나 마찬가지다. 풀이 많이 나지 않고 자갈과 바위가 어우러진 곳을 찾아 오르내리면서 살폈지만 기다리는 바위종다리는 보이지 않고 토끼 한 마리가 머리를 바짝 들고 경계하는 모습이 쌍안경에 잡혔다. 바람은 차갑고 산 정상에 올라온 관광객의 환성과 떠드는 소리만 요란하다. 아침이 지나고 날이 개자 관광객이 인산인해를 이루고 산 정상의 능선 길에는 관광객으로 발 디딜 틈이 없을 정도다. 해발이 높아서 언덕길을 조금만 올라도 숨이 차다. 사 사장이 둥지를 찾았다는 흑풍구 쪽으로 계속 하산했다. 기상대 숙소로 올라갈 일이 걱정되어서 내려가는 길이 편치만은 않다. 멀리 장백폭포는 변함없이 흘러 하얀 뱀이 꾸불꾸불 움직이듯 물줄기를 길게 이루며 흐르고 있다. 무심히 장백폭포를 보며 지난날 촬영하면서 힘들었던 기억을 떠올리는데 철벽봉 위로 매 한 마리가 미끄러지듯 활공을 한다. 지금 이 시기에 매가 있다는 것은 이 녀석도 이곳 어딘가에서 번식하고 있다는 뜻 아닐까? 나도 모르게 가슴이 두근거린다. 혹시 장백폭포 절벽 틈 속에 둥지

중국 쪽 천문봉에서 화개봉 쪽을 바라보고 찍은 관광객들의 모습이다. 요즈음은 중국 관광객 수가 한국 관광객 수의 4~5배쯤 된다고 한다. 말 그대로 압도적이다.

기상대에서 흑풍구 쪽으로 내려가다가 아래를 보면 이렇게 장백폭포가 한눈에 들어온다. 지금은 깊은 가을의 모습을 띠지만 용문봉 정상은 벌써 흰 눈이 덮고 있다. 장백폭포가 흘러서 송화강을 이룬다. 주변에 화산재와 구멍이 숭숭한 바위들이 즐비한데 이곳 바위틈 속에 바위종다리가 둥지를 만들고 번식을 한다.

천지의 달문에서 흘러내린 물이 장백폭포를 이루며 백두 평원으로 흐른다. 폭포 왼쪽으로 보이는 수
직 절벽이 매가 둥지를 만들기에는 좋은 조건일 듯싶은데 풍경 사진을 찍기 위한 렌즈로는 둥지의 위치
를 가늠하기 어렵다.

가 있지 않을까? 쌍안경으로 매를 추적한다. 무슨 매인지 확인하려고 눈을 부릅뜨고 쌍안경을 들여다봤지만 그동안 알고 있던 매의 생김새가 아니다. 유일하게 보이는 배 부분도 그림자 때문에 까맣게 보여서 더 자세히 알 수가 없다. 답답하다. 날개의 생김새로 판단해야 하는데, 흔히 봤던 새호리기도 아니고 황조롱이보다는 좀더 크며 송골매보다 더 크다. 참매는 더더욱 아니며 우리나라에서 본 매와 닮은 구석이라곤 없다. 내 경험을 총동원해서 머리를 굴려봤지만 짐작 가는 새가 없다. 이 녀석이 드넓은 백두산 천지의 상공을 활공하며 여유를 부리는 게 어딘가에 짝이 있는 것만은 틀림없다. 시간이 되면 장백폭포로 내려가서 그 근처 절벽도 살펴보리라.

　다음을 기약하며 한 가닥 희망을 놓지 않고 자위하면서 흑풍구로 내려갔다. 영춘씨는 뒤따라오다가 중간에서 주저앉는다. 나처럼 새를 좋아하는 것도 아니고 황량한 자갈길이 평탄하지도 않아서 걷기 힘들뿐더러 익히 알고 있는 길이니 호기심도 없을 게 뻔하다. 가끔 새라도 보는 재미나 있으면 좋으련만 날아다니는 새라고는 한 마리도 없고, 가도 가도 똑같은 길임을 알고 있을 뿐 아니라 되돌아서 올라와야 하므로 괜한 고생을 하지 않으려는 건 당연하다. 혼자서 터덜터덜 걸으면서 새가 없을 것 같은 예감에 의욕은 떨어지고 흑풍구에 도착하기 전에 되돌아갈 마음만 굴뚝같다. 한 시간을 내려왔는데 아직 흑풍구에는 미치지 못하고 있다. 이 거리에서 숙소로 오르려면 두 시간 이상은 걸릴 것이다. 자꾸만 희망도 없이 내려온 게 후회된다. 그래도 혹시나 바위종다리가 있을까 해서 바윗길 주변을 살피는 것을 게을리하지 않았다. 봄이라지만 아직은 황량하다. 욕심이 앞섰을까? 이런 환경에서 번식하는 새를 찾는다고 찾아

나선 내가 어리석은 것은 아닐까? 흑풍구에 도착했지만 역시 새는 보이지 않고 멀리 장백폭포만이 하얀 물줄기를 내뿜으며 무심히 흐르고 있다. 더 기다려볼 의지도 생기지 않는다. 발길을 돌려 오던 길을 되돌아 올랐다. 숨이 헉헉 차오른다. 멀리 기상대 건물은 빤히 보이건만 가도 가도 거리는 좁혀지지 않는다. 영춘씨가 쉬고 있는 곳에 도착해서 그 옆에 털썩 주저앉았다.

"뭐 좀 보셨어요?"

"없어, 아무것도."

땀을 닦는 나를 빤히 처다보던 영춘씨에게 궁금해서 물었다.

"영춘씨, 사 사장에게 전화해서 바위종다리 둥지를 언제 찍었는지 물어봐줘."

백두산에 오를 때 그것부터 확인했어야 하는데 조금 성급했다는 생각이 들었던 것이다. 여기는 전화가 잘 안 터지니 기상대에 올라가서 확인하자고 한다. 기상대로 오르는 길에서는 천지 위로 비상하는 매의 모습이 보이지 않았다. 영춘씨가 기상대에 도착해 곧바로 사 사장에게 전화를 걸어 확인했다. 2013년 7월에 둥지를 찾아 찍었단다. 그러면 그렇지, 아직 때가 아니다. 그 얘기를 전해 듣는데 기상대 마당에 까마귀가 울타리에 앉아 까악 까악 울어댄다. 마치 '새들의 생태를 좀 안다는 녀석이 그것도 몰랐어?' 하고 나를 조롱하는 것 같다.

나를 놀리는 재미가 있는지 한참을 그 자리에서 시끄러울 정도로 울어댔다. 이 녀석도 백두 평원 어딘가에 새끼를 키우고 있겠지. 해발 2500미터에 이르는 높은 곳이라 해도 먹을 것만 있으면 찾아오는 영리한 녀석이니까. 관광객이 흘리고 간 음식물 부스러기가 있다는 걸 알고 있으리라. 까마귀는 우리나라에서도 흔히 소나무나

낙엽송 같은 침엽수 높은 곳에 둥지를 직접 만들고 새끼를 키운다. 어찌나 영리한지 사람이 둥지에 접근하려 하면 그 주변을 맴돌면서 경계할 뿐 아니라 둥지에 접근하지 못하도록 이리저리 속임수를 쓴다. 날아가는 곳에 둥지가 있을까 해서 따라가면 엉뚱한 곳으로 가기 일쑤다. 새끼가 자라서는 어미에게 먹이를 물어다준다 하여 반포지효反哺之孝라는 옛말이 있다. 그래서 까마귀를 일명 반포조反哺鳥라고도 한다.

정말 어린 까마귀가 어미를 위해 먹이를 물어오는지 확인하고 싶어 몇 년 전부터 봄이 되면 까마귀 둥지를 찾아 나섰지만 아직 촬영이 가능한 둥지를 발견 못 해 애만 태우고 있다. 다른 새도 그렇지만 까마귀는 침엽수의 제일 높은 가지 속에 둥지를 만들기 때문에 안이 잘 보이지 않는다. 그동안 수없이 많은 까마귀 둥지를 발견했지만 촬영 시도조차 제대로 해보지 못했다. 까마귀 둥지를 촬영

영리한 까마귀가 해발 2500미터가 넘는 백두산 정상까지 오른 이유는 오로지 먹이 때문이다. 관광객이 흘리고 간 음식이 많다는 것을 알고 찾아온 것으로 짐작된다.

영리한 까마귀가 침엽수가 아닌
활엽수에 둥지를 마련했는데 특
별히 어떤 이유가 있는지 가늠
하기는 어렵다.

하려면 둥지를 가리고 있는 나뭇가지들을 모두 쳐내야 하는데 그렇
게 해서는 자연스런 까마귀의 생태를 촬영할 수 없다. 그리고 영리
한 까마귀가 자신의 둥지가 훤히 보이도록 훼손되면 둥지를 포기할
것은 뻔한 일이다. 지금까지 수많은 새의 둥지를 촬영해왔지만 나에
게는 한 가지 원칙이 있다. 절대로 둥지를 훼손해서 촬영하지 않는
다는 것이다. 만약 둥지가 잘 보이지 않으면 아무리 찍고 싶은 새의
둥지라 하더라도 촬영하지 않았다. 그것은 새에 대한 최소한의 배려
일 뿐 아니라 자연이 이루고 있는 질서를 지키는 행위이기 때문이
다. 그래서 아직도 까마귀의 번식 장면을 촬영하지 못하고 있다.

2007년, 새들의 번식 과정을 촬영하기 위해 러시아의 캄차카 습
지에 간 적이 있다. 그때 숙소가 있는 마을에 인접한 강가의 울창

강원도 야산에 튼 까마귀 둥지
다. 높은 곳에 있어 둥지 속이 보
이지 않고 까마귀 어미가 경계
를 심하게 해서 그 후 촬영은 하
지 못했다.

한 숲속에서 까마귀 둥지를 발견했다. 웬일인지 우리나라와는 다르
게 활엽수 교목에 둥지를 틀었는데 마치 매 둥지처럼 바닥에서 올
려다본 둥지가 훤히 보였다. 한두 개도 아니고 그 주변에 많은 까마
귀 둥지가 모두 그런 곳에 있었다. 그중에서 가장 낮은 둥지를 골라
촬영하기 위해 위장텐트를 치고 기다렸다. 그 숲속에는 동네 주민
들이 오가는 오솔길이 있어 까마귀가 사람을 크게 경계하지 않을
거라고 짐작했다. 우리나라와는 다르게 쉽게 둥지 촬영을 할 수 있
으리라는 설렘을 갖고 기다렸는데 한나
절이 지나도록 어미가 둥지에 들어오
지 않는 게 아닌가. 너무 오랜 시간
기별이 없어 처음에는 위장텐트
위치가 둥지와 너무 가까워서 그
런가 싶었다. 좀더 멀리 텐트를 치
고 뒤로 물러나 기다렸지만 그래도 결

강원도의 한 마을 뒷산에 급한
경사면을 이룬 소나무에 까마
귀가 둥지를 만들었는데 경사
면 위로 올라서면 둥지가 훤히
잘 보여서 촬영하기 좋았다. 이
제 제대로 촬영을 하는가 싶었
는데 어느 날 수리부엉이에게
둥지가 털려 번식에 실패했다.
결국 촬영다운 촬영은 해보지
도 못했다.

과는 마찬가지였다. 영리한 까마귀가 어느 날 불쑥 나타난 위장텐트 속에 사람이 들어앉아 있다는 사실을 알아챈 것이다. 그날은 그렇게 촬영에 실패하고 철수했다. 이튿날 새벽같이 다시 그 둥지 앞에 위장텐트를 치고 또 기다려봤다. 이날도 마찬가지로 까마귀는 둥지에 들어오지 않았다. 우리나라처럼 둥지가 잘 보이지 않는 곳에 있는 것도 아니고 훤히 보였는데 그 앞에 사람이 있다고 들어오지 않으리라고는 상상도 못 했다. 그것도 위장을 해 내 모습이 보이지 않게 했을 뿐 아니라 숨소리조차 크게 내지 못하면서 얼마나 노심초사했는지 모른다. 그런 노력에도 까마귀는 경계를 했던 것이다. 이틀을 헛수고하고 결국은 촬영을 포기했다. 만약 우리나라에서 그런 둥지가 있었다면 위장을 쳐놓고 며칠 동안은 위장에 들어가지 않은 채 적응시킨 뒤 서서히 접근했겠지만 외국에서의 일정은 그런 걸 허락하지 않았다.

그 후로 새 둥지를 촬영할 때는 조심하고 또 조심하는 버릇이 생겼다. 위장한다 하더라도 둥지에 잘 들어오지 않는 새라면 둥지 촬영을 포기하는 것이 나의 철저한 원칙이 되었다. 새들은 같은 종류라 해도 모두 똑같은 행동을 보이지 않는다. 어떤 녀석은 사람이 접근해도 별로 놀라지 않는가 하면, 다른 녀석은 위장하고 하루 종일 그 위장 속에서 꼼짝하지 않아도 둥지에 들어올 때는 쉽게 날아들지 못한 채 주변을 몇십 분 서성이다가 마지못해 들어오며, 둥지 주변에 위장텐트가 생기면 아예 둥지를 포기하는 녀석도 있다. 물론 둥지와 위장텐트와의 거리에도 문제가 있다. 새마다 특성을 알고 그 새가 경계하는 일정한 거리가 얼마인지 재빨리 파악해야 한다. 새의 생태를 관찰하고 촬영하는 것을 원칙으로 삼으면 자연스레 둥지와의 거리가 멀어지기 때문에 누구나 상상하는 그림 같은 예쁜 둥지의 모습을 촬영하기 어렵다. 번식 과정을 촬영하다보면 그런 그림 같은 모습이 아니더라도 개의치 않게 된다. 오히려 깔끔하지 않은 둥지의 모습이 자연 본래의 상태라고 널리 알리고 싶다. 까마귀에게서 자기 성찰을 어떻게 해야 하는지 깨닫게 되었다고 해도 과언이 아니다.

백두산 정상에 날아와서 울고 있는 까마귀를 보면서 잠깐 지난날을 회상하게 되었다. 백두산에서 번식하는 바위종다리를 촬영하는 것이 결코 만만치 않으리란 것은 짐작하던 바였다. 왜냐하면 바위종다리 둥지가 땅바닥에 있는 작은 바위들 틈 속에 있기 때문이다. 바닥에 있는 둥지를 촬영하려면 필연적으로 둥지 가까이에 접근해야 한다. 작은 돌 틈 속에 둥지가 있는 것을 훤히 보이도록 촬영하려면 둥지와의 거리가 멀어서는 도저히 불가능하다. 만약 백두산처럼 나무 한 그루 없는 벌판이라면 불쑥 솟아오른 위장텐트를 경계하지 않을 야생의 새는 없을 것이다. 그것도 천적으로부터 철저하게 숨겨야 하는 둥지 바로 앞에 그런 시커먼 물체가 있다고 하면 어미가 둥지에 들어올까? 아마 쉽지 않을 것이다. 그런 생각을 하면 할수록 더 자신이 없어진다.

까마귀 한 마리가 한참을 울자 어디선가 또 다른 녀석이 나타났다. 아마도 짝인 듯싶다. 나란히 앉아서 주변을 두리번거린다. 천지를 보려고 올라온 수많은 관광객이 북적거려도 개의치 않는 모습이다. 오히려 그런 관광객이 뭔가 먹을거리를 흘리지나 않을까 기다리면서 흘낏흘낏 쳐다본다. 백두산에서도 까마귀 둥지를 찾을 수만 있다면 촬영할 것이다. 이도백하 주변에 소나무 숲이 꽤 있기 때문에 시간이 허락되면 둥지를 한번 찾아볼 예정이다. 이번 일정에서는 백두산 정상에서 살아가는 새의 생태를 촬영할 수 있을까 기대

백두산 정상에서 보이는 이 까
마귀는 산 아래 침엽수 어딘가
에 둥지를 만든 것 같다. 이 높
은 곳까지 먹이를 찾아 올라온
짝을 기다리다가 오지 않자 직
접 정상으로 찾아온 것으로 짐
작된다. 둘은 그렇게 만나서 빈
손으로 사라졌다.

백두산 천지 상공에서 먹이활
동을 하는 칼새의 모습. 칼새는
정상 부근의 바위 절벽에 둥지
를 껌 딱지 붙이듯이 붙여서 만
들 것으로 짐작되는데 아쉽게도
아직은 둥지 만들 때가 아닌 듯
싶다. 칼새는 여름에 북쪽으로
찾아와 번식하는 여름 철새로서
우리나라 남쪽 지방에서도 자주
보인다.

했던 마음을 접기로 했다. 다음번에는 백두산 정상이 여름을 맞는 7월에 도전해봐야겠다. 어느 해인가 백두산 정상의 봉우리 절벽에 칼새가 둥지를 짓고 드나드는 모습을 본 적이 있는데 그때도 6월 말이 아니었나 싶다. 6월 초순이 백두산에서는 겨울 끝자락이다. 천지도 아직은 녹지 않아서 하얀 얼음판이다. 이런 날씨에 새가 번식하지 않을까 기대했다니 까마귀가 웃을 노릇이다. "까악, 까악"거리는 까마귀에게 내 마음을 들킨 듯해 피식 웃음이 나온다. 오후가 되면서 관광객을 실어 나르는 지프의 요란한 엔진 소리에 갑자기 산을 내려가고픈 생각이 굴뚝처럼 솟았다. 영춘씨에게 내일 아침에는 하산해야겠다고 했다. 영문을 모르는 영춘씨는 왜 그렇게 빨리 내려가려고 하는지 의아해하며 고개를 갸우뚱한다.

그런데 날이 저물면서 날씨가 급변하기 시작했다. 창밖으로 보이는 천문봉 뒤에서 시커먼 먹구름이 눈 깜짝할 새에 몰려오더니 점점 더 거세지는 바람과 함께 눈이 내리기 시작한다. 관광객이 모두 하산하고 적막한 백두영봉이 보이지 않을 정도로 눈보라가 친다. 숙소 문을 열기 겁날 정도로 몰아치는 눈보라에 산 정상에서 영업하는 직원들도 모두 숙소 문을 굳게 닫아걸고 꼼짝을 않는다. 숙소의 수돗물 사정이 열악해서 세수는 언감생심이다. 겨우 양치물 한 컵을 얻어서 이를 닦았다. 무섭게 내리는 눈보라가 숙소의 작은 창문을 사정없이 후려치는 소리는 요란하다 못해 천둥 치는 소리 같다. 이대로 밤새 눈이 내리면 내일 눈 쌓인 길을 과연 차로 내려갈 수 있을까? 내려가지 못하면 귀국행 비행기를 놓칠 것 같아 걱정이 태산이다. 올라올 때 타고 왔던 부식 차는 이미 내려갔고 사 사장이 우리와 같이 내려간다고 했는데 눈 쌓인 급경사의 백두산 길

오후가 되면서 백두산 정상에
갑자기 안개가 몰려오자 관광객
들이 서둘러 하산한다. 정상에
서는 하루에도 수차례 일기가
급변한다.

을 과연 사 사장이 운전할 수 있을까? 아무래도 안심이 안 된다. 산길은 특히 내려갈 때 더 위험하다는 것을 알기 때문에 불안해진다. 걱정이 앞서 사 사장이 묵고 있는 방을 찾았다. 눈이 이렇게 오는데 내일 하산할 수 있을지 조심스럽게 물었다. 내 불안한 마음을 읽었는지 사 사장이 능청을 떤다. 손사래를 치면서 이런 날씨가 밤새 계속되면 내일 못 내려간다고 정색한다. 사 사장을 쳐다보고 영춘씨를 쳐다보고도 상황 파악이 안 된 나는 좌불안석이다. 내일 산을 내려가지 못하면 비행기를 탈 수 없어 꼭 내려가야 한다고 전했다. 그런 내가 재미있다는 듯 사 사장은 더 완강하게 안 된다고 한다. 비행기 표는 날짜를 연기해보자고도 한다. 그러고는 방법이 없으니 걱정한다고 해결될 문제가 아니라며 일찍 잠이나 자라고 한다. 한숨이 절로 나온다. 그날 밤은 정말 뜬눈으로 샌 것 같다. 눈보라 치는 소리를 들으면서.

긴긴 백두산의 겨울이 아닌 겨울밤을 그렇게 마음 졸이며 선잠으로 보내고 새벽이 왔다. 창밖이 어스름히 밝아오는데 바람 소리는 어제보다 많이 잦아든 것 같다. 황급히 방문을 열어보니 눈도 그쳤다. 그렇지만 방문 밖의 숙소 마당은 장난이 아니다. 눈이 소복이 쌓여 있고 짙은 안개 때문에 건너편 숙소의 방문이 보이지 않을 지경이다. 처마에는 고드름이 한 발이나 매달려 있다. 산 아래의 여름 날씨만 생각하고 백두산을 너무 편하게 상대한 것이 두고두고 후회된다. 귀국 날짜를 넉넉히 앞두고 올라왔어야 하는데 순간 방심했으니 누굴 원망할까? 예전에 풍경 사진 찍으러 백두산 정상으로 올라올 때는 급변하는 날씨 사정을 충분히 감안했는데 무슨 배짱이었을까? 자꾸만 자책하게 된다. 사 사장이 아침 일찍 내 방으로 찾아왔다. 나와는 다르게 태평한 모습이다. 살짝 웃음기까지 머

금고 있다. 밖에서는 젊은 직원들이 마당의 눈을 치운다고 시끌시끌하다. 안개가 길을 덮었으니 이 또한 걱정이다. 혹시 모르니 귀국 비행기 표를 며칠 뒤로 연기할 수 있는지 알아봐달라고 했는데 괜찮다고만 한다. 속이 점점 타들어간다. 젊은 직원들과 함께 둘러 앉아 아침 식사를 마치고 할 일 없이 방에 앉아 안개로 덮인 천문봉 쪽만 바라보는데 사 사장으로부터 짐을 챙겨서 차에 타라고 전갈이 왔다. 불안하고 걱정되면서도 구세주를 만난 것같이 반가운 소식이다. 사 사장 차는 온통 얼음 알갱이로 덮여 있다. 꽁꽁 얼어 있는 차를 보니 더 불안해진다. 근심으로 잔뜩 긴장되어 있는 내 심정을 아는지 모르는지 매점에서 일하는 젊은이들이 모두 배웅을

6월 5일 밤새 눈보라가 창문을 두드리더니 날이 새면서 창밖에는 새하얀 겨울이 찾아왔다. 매점 직원들의 숙소 마당에 있는 식수통이 눈으로 덮여 있다.

281

산 아래는 여름이 시작되는 6월 초순에 매점 직원들이 아침 일찍부터 마당에 쌓인 눈을 치우고 있다. 그런데 마당의 눈을 마당 밖으로 치우는 것이 아니라 지붕 위로 올려버린다. 우리는 눈이 많이 와서 쌓이면 지붕에 있는 눈을 쓸어내려 말끔히 치우는데 이들은 지붕 위로 올리니 이채롭다. 식수 공급이 안 되는 숙소에서는 지붕 위에 있는 많은 눈이 녹으면서 흘러내리는 물을 허드렛물로 사용하기 때문 이라고 한다.

산을 내려갈 수 있는 유일한 방편인 사사장의 자가용에 하얀 눈이 얼어붙어 있다. 이런 모습을 보면서 혹시나 시동이 걸리지 않으면 어쩌나 걱정을 했는데 다행히 시동은 잘 걸렸다. 여름으로 향하는 이도백하의 계절과 백두산의 하얀 겨울이 교차한다.

나와서는 시시덕거린다. 드디어 사 사장이 운전석에 앉아 시동을 걸었다. 사 사장의 표정은 여전히 태평하다. 다시 한번 걱정스런 눈빛으로 정말 눈길에 하산할 수 있겠느냐고 물었다. 그랬더니 눈 쌓인 백두산 길을 20년 넘도록 운전했다며 걱정 말라고 한다. 조금은 안심된다. 뭔가 믿는 구석이 있으니까 큰 소리를 치는 것 아니겠는가.

과연 사 사장은 눈 쌓인 급경사와 급하게 굽은 길에서 천천히 그리고 능숙하게 차를 몰았다. 20년 넘도록 다녔던 길이니 위험한 도로 상황을 누구보다 더 잘 알고 있으리라. 한편으로는 믿음이 가면서도 손잡이를 꽉 잡은 손바닥에서 땀이 난다. 굽이굽이 차가 급하게 눈길을 돌 때마다 식은땀이 났다. 사 사장이 그런 나를 돌아보고 싱긋 웃는다. 사 사장이 운전하는 것에 따라서 나도 브레이크를 잡고 있었던 것이다. 운전도 하지 않는 오른발에 힘을 잔뜩 주고 있으려니 오금이 다 저린다. 오늘따라 내려오는 산길이 그리도 멀게만 느껴져 가도 가도 끝이 없다. 경사진 길에서 차가 살짝 미끄러지는 느낌이 들라치면 온몸이 소스라치게 굳어버렸다. 겨우겨우 흑풍구 정도까지 내려오니 이제는 안개가 사라지고 길이 훤하게 보이기 시작했다. "휴! 살았구나." 잔뜩 움츠렸던 오금을 슬며시 풀어본다. 사 사장을 향해 엄지를 들어 보이며 고마움을 표시했다. 사 사장은 이 정도 날씨와 눈길은 아무것도 아니란다. 더 심한 날씨에도 하산하고 정상으로 오르고 했다며 강한 어조로 자랑한다. 산을 다 내려와서야 백두산 정상에서 살아가는 새의 모습을 찾아보겠다는 막연한 기대감과 달리 현실은 녹록지 않다는 걸 곰곰이 되씹어본다. 드넓은 백두 평원을 내려다보면서 스산한 마음이 더욱더 황량해지는 건 어쩔 수 없었다.

11_
호사비오리 새끼들, 세상으로 나오다

백두산 정상에서 바위종다리의 번식을 보지 못하고 귀국했던 이 듬해인 2016년, 새봄이 다시 찾아왔다. 우선 호사비오리 새끼들이 둥지에서 세상으로 나오는 장면을 보기 위해 지난해 안내와 통역을 했던 영춘씨에게 4월 초순 전화를 걸었다. 그런데 이도백하에 있어야 할 그가 수원에서 전화를 받는 게 아닌가. 우리나라에 나온 지 3개월이 되었다고 한다. 물론 돈을 벌기 위해서였다. 난감하다. 내가 백두산에 오르려고 중국으로 갈 때면 중국인인 사 사장과 말이 통해야 하는데, 간단한 인사 정도밖에 못 하는 내 언어 실력으로는 의사소통이 불가능했다. 조선족 동포의 도움이 절실한 터에 영춘씨가 한국에 나와 있다고 하니 난감할 수밖에. 그래도 어쩌겠는가. 영춘씨에게 중국에 전화해서 내가 언제 백두산으로 가면 호사비오리 부화를 볼 수 있는지 일정을 알아봐달라고 부탁했다. 그날 저녁 영춘씨에게서 전화가 왔다. 사 사장에 따르면, 5월 29일에서 30일경 부화 예정이라고 한다. 그러니까 2~3일 전에 미리 오라고 한다는 전갈이었다. 그 얘기를 듣자 갑자기 마음이 바빠졌다. 한가지 걱정은 사 사장이 있는 이도백하에 이제 조선족 젊은이가 없다는 점이었다. 영춘씨도 걱정한다. 10년이면 강산도 변한다더니 옛말은 아닌 듯싶다.

백두산을 근거로 살아가던 조선족 동포들이 이제는 모두 돈을 벌기 위해 우리나라로 들어와 있다고 한다. 백두산을 지척에 둔 이도백하에 우리나라 관광객이 급격히 감소해 더 이상 조선족 동포들의 통역이 필요치 않은 게 결정적 원인이었다. 격세지감이다. 10년 전만 해도 이도백하에서 젊은 조선족 동포들의 우리말 소리가 심심찮게 들렸는데. 예전에는 백두산 관리를 조선족 자치주에서 했는데 지금은 중국 정부가 길림성에서 관리하도록 전권이 바뀌었다고 한다. 그러다보니 이제까지 백두산에 남아 있는 우리나라의 자취를 모두 없애는 작업을 몇 년에 걸쳐 진행해왔다. 한국 사람이 운영하던 숙박 시설을 정부에서 강제 철거한 것도 그런 작업의 일환이었다. 중앙 언론에서도 대대적으로 백두산을 홍보하기 시작하면서 중국인 관광객이 매년 기하급수적으로 늘어난 반면 상대적으로 적은 한국인 관광객에 대한 선호도가 줄어드는 것은 당연했다. 결국 우리나라 관광객을 적극적으로 유치해야 할 매력이 없어지다보니 점점 소홀해졌고 그럴수록 우리나라 관광객이 줄어드는 것은 자명한 현실이었다. 그런 사회적 배경이 안타깝다기보다는 조선족 동포들이 백두산 자락에서 삶의 터전을 잃어버린 뒤 다른 일자리를 찾아 고향을 떠난다는 사실이 마음에 걸렸다.

　매년 찾아갈 때마다 느꼈던 백두산의 변화가 최근 들어서 급속도로 빨라지고 있음을 갈 때마다 실감했다. 예전에는 고향에 온 것 같이 조용하고 푸근했다. 그런데 지금은 어느 낯선 도시에 온 듯 마음이 차분해지질 않는다. 한마디로 정신없고 어수선하다. 백두산 아래 첫 동네인 이도백하에도 신축 바람이 불어서 초고층 빌딩이 해마다 앞다투어 들어서는 터라 갈 때마다 낯설기만 하다. 거리에는 공사 차량이 넘쳐나 먼지가 가라앉을 날이 없다. 정겨운 작은 마을이 이제는 시끄럽고 복잡한 도시로 바뀌었다. 그런 변화의 물결 속에서 젊은 조선족 동포들이 일을 찾아 몰려드는 것이 아니라 모두 떠나고 있다는 사실이 안타까울 뿐이다.

그렇게 영춘씨와 통화하면서 호사비오리 부화 예정일에 맞춰 출국하겠다고 했다. 서둘러 비자 신청을 한 뒤 비행기 예약을 했다. 며칠 후 영춘씨로부터 내 비행기 도착 시간에 연길 공항으로 마중을 나가도록 사람을 알아봐두었다는 사 사장의 전갈을 받았다. 매년 백두산 여정에 오르면서도 출국 때마다 느끼는 긴장과 설렘은 여전했다. 20여 년을 드나든 연길 공항은 이제 전혀 낯설지 않았다. 다만 입국장에 누가 마중 나와 있을까 하는 궁금이 일었다. 입국장 문을 나서는 순간 인파 속에서 건장한 체구의 둥근 얼굴을 한 청년이 한눈에 시선을 끈다. 내가 알고 있는 김룡이라는 조선족 동포다. 반가운 마음에 나도 모르게 손을 번쩍 치켜들고 아는 체를 했다. 얼룩무늬 군복을 입고 있는 사내는 분명 10여 년 전 백두산에서 산 사진을 찍을 때 익히 알고 지내던 김룡이 맞다. 그도 나를 금방 알아보고는 환하게 웃는다. 그러니까 김룡은 백두산 정상에서 사 사장의 직원으로 근무하다가 고향인 연길에서 택시 기사를 하겠다며 백두산에서 연길로 나온 지 벌써 7년쯤 되었다고 한다. 그처럼 오랜 기간 서로 떨어져 있었지만 사 사장은 그를 기억하고 나를 위해 연길에 있는 김룡에게 부탁한 것이다. 김룡도 그 부탁을 마다 않고 흔쾌히 수락했다고 한다. 반가운 인사를 마치자 김룡은 자가용으로 먼저 가까운 식당에서 점심을 먹은 뒤 백두산으로 출발하자고 한다. 냉면이 먹고 싶다는 내 청을 듣더니 연길에서도 맛있다고 소문난 냉면집이 있다며 안내한다. 냉면집으로 가는 차 안에서 직장에 다니는 아내도 식사 시간이 되었으니 같이 먹자고 해서 전화로 불렀다. 일곱 살짜리 아들이 있는데 지금 유치원에 다닌다고 한다. 식당에는 김룡의 아내가 먼저 도착해 있어 수줍게 인사를 건네온다. 한족인 김룡의 아내는 간단한 우리말을 할 줄 알아 조금 편하게 대화를 나눴다. 그렇게 김룡 부부와 평양냉면 비슷한 중국 냉면을 맛있게 먹었다.

식사를 마치고 직장으로 간다는 김룡의 아내와 헤어진 뒤 잠깐 김룡의 아파트에 들렀다. 80제곱미터 정도의 규모로 우리 아파트와 별반 다르지 않았다. 현관을 들어서면 아담한 거실이 있고, 거실을 중심으로 부부 침실과 아들이 사용하는 작은방 그리고 거실과 개방된 주방 및 식탁이 있으며 화장실이 면해 있었다. 일곱 살 아들의 장난감이 거실 가득 있는 게 인상 깊었다. 장난감 자동차는 다 모여 있었다. 소방차, 트럭, 포클레인, 승용차, 스포츠카…… 특히 소방차는 셀 수 없을 정도였다. 중국인들은 하나밖에 없는 자식에게 무조건적인 사랑을 쏟는다는 얘기를 방송에서 들은 적이 있는데 그 말이 실감난다. 잠깐이지만 중국의 젊은 부부가 사는 모습이 전혀 낯설지 않은 게 김룡이 꼭 조선족 동포여서만은 아닌 듯싶었다. 우리나라의 젊은 부부들과 전혀 다를 게 없어 보였다. 아이를 키우는 맞벌이 부부의 생활환경이 지구상 어느 곳이나 크게 다르지 않다는 데 공감한다. 김룡은 결혼생활을 은근히 자랑하고 싶었는지도 모른다. 덩치에 어울리지 않게 수줍은 몸짓으로 집 안을 소개하던 김룡의 상기된 표정이 잊히지 않는다. 커피 한잔 마실 시간 동안 머무르다가 오후 3시경 김룡의 집을 나서서 백두산으로 출발했다.

아파트를 나와 연길의 번화가를 지나는데 도로에 늘어선 상가 건물의 간판 중 종종 한글 간판이 눈에 띄는 게 신기하기만 했다. 김룡의 말로는 조선족 동포의 인구수가 점점 줄어들어 예전만 못하다고 한다. 영춘씨처럼 돈을 벌기 위해 한국으로 많이 떠났기 때문이란다. 시내를 벗어나 작은 산자락과 드넓게 펼쳐진 들녘에는 모내기가 끝난 작은 벼들이 바람에 시원하게 흔들리고 있다. 우리나라 시골에 온 듯한 착각이 들 만큼 우리 정서와 닮아 있다. 김룡은 운전을 하면서 10여 년 전 사 사장 밑에서 일할 때와 산에서 내려와 연길에서 지낸 옛이야기를 담담히 회상하며 들려준다. 7년여가 지난 지금도 잊지 않고 사 사장이 자기를 찾은 것은 산에서 일할 때 자기가 사 사장을 좋아해서 잘 따랐기 때문이라고 한다. 사 사장도 그런 김룡을 예쁘게 거두었다고 했다. 그래서 백두산에서의 일을 그만두고 연길에 내려가 택시 기사를 하겠다고 했을 때도 사 사장은 말렸다. 자기 말을 잘 따르던 직원을 보내고 싶지 않은 마음은 누구나 마찬가지일 것이다. 힘들게 헤어져서 연길에 왔지만 생각대로 택시 기사를 하지는 못했단다. 우선 개인 택시를 장만할 돈이 없었던 게 결정적인 요인이었다. 그런 까닭에 취직한다고 한 것이 경찰관 직이었는데 주로 마약 단속을 하는 부서에서 근무했단다. 김룡은 마약 단속을 하면서 마약범을 검거하는 긴박한 순간을 영화 장면 설명하듯이 장황하게 떠벌렸다. 표정은 그때의 긴장된 모습이고 눈을 부라리는 게 마치 범인이 앞에 있는 듯하다. 그렇게 3년을 보내다가 지금의 아내를 만나서 결혼하고 경찰관 직을 내놓은 뒤 처가의 도움을 받고 그동안 벌어놓은 돈을 보태 택시를 사 기사가 되었다고 했다. 나를 안내하느라고 백두산으로 가는 동안에는 다른 사람에게 자기 택시를 빌려주어 아르바이트를 하도록 한다고 했다.

김룡의 과거 발자취를 들으며 이도백하에 도착했다. 사 사장이 예약해둔 미인송 호텔에 여장을 풀었다. 내가 도착했다는 전갈을 받은 사 사장이 잠시 후 호텔로 찾아왔다. 지난해보다 살이 좀더 빠졌지만 여전히 우람한 체구의 사 사장은 특유의 부처님 인상으로 환히 웃으며 손을 흔든다. 반가운 인사를 포옹으로 대신하는데 역시 내 한아름으로 다 안지 못할 정도의 단단한 체구가 듬직하다. 뒤따라 내리는 사 사장의 부인도 해맑게 중국말로 짧게 인사를 건넨다. 사 사장 부인도 사 사장에게 뒤지지 않을 만큼 거구다. 다만 지난해보다는 얼굴이 많이 수척해진 듯해 염려의 말을 건넸더니 김룡을 통해 "다이어트 중"이라며 수줍게 답한다.

　그날 저녁은 매년 그렇듯이 사 사장이 만찬을 준비하면서 친구들 부부와 동생들 부부를 같이 초청해 나를 포함한 10명이 식사를 함께 했다. 언제나 시끌벅적하게 저녁 식사를 하면서 맥주를 곁들이는데 이제는 나에게 술을 억지로 권하지 않는다. 처음 사 사장이 나를 초대해서 저녁을 함께 할 때 손님 접대를 한다며 술을 권했는데 나 또한 그들의 접대 문화에 따른답시고 사양하지 않다가 결국 의식을 잃을 만큼 술을 먹었던 적이 있다. 그 후로 사 사장은 나에게 억지로 술을 권하지 않게 되었다. 자신들의 접대를 거절하는 게 아니라 원래 알코올 분해를 잘 못 하는 내 체질을 이해하고 받아들인 것이다. 이제는 사 사장 일행과 어울려 식사하고 술을 먹어도 걱정 없으며 부담되지 않는다. 김룡은 오랜만에 보는 사 사장과의 만남을 즐기고 있었다. 호텔로 돌아올 때는 나보다 김룡이 더 취해 있었다.

　그 술자리에서 사 사장은 호사비오리의 둥지와 부화가 언제 되는지에 대한 정보를 알려줬다. 내가 제일 궁금해하는 점이라는 걸 잘 아는 그가 이번에는 절대로 실수하지 않을 거라고 장담하며 나를 안심시켰다. 내일 아침 일찍 일어나서 호사비오리 둥지가 있는 보호지구에 6시까지 오란다. 몇 년 동안 호사비오리 새끼들이 둥지를 떠나는 시각을 보면 대부분 해가 떠오르는 이른 아침이었다고 한다. 저녁을 먹으며 술자리가 무르익어갈 때 밖에는 비가 내렸다. 제법 굵은 소나기 소리에 마음이 어수선하다. 이번 비가 며칠 동안 이어진다는 예보가 있었다면서 저들이 걱정하는 내색을 김룡이 귀띔해준다. 뭔가 불길한 예감이 든다. 10여 년 전 산 사진을 찍으러 백두산 정상 기상대에 짐을 풀고 밤을 보냈던 기억이 떠올랐다. 일주일 예정으로 백두산 야생화에 둘러싸인 천지를 찍기 위해 봄꽃이 피는 6월에 날짜를 맞춰 왔는데 그날 밤부터 비가 내리기 시작해 돌아오는 날까지 일주일 내내 그치지 않았다. 백두산 정상에 비가 내릴 때에는 안개까지 겹쳐서 앞이 잘 보이지 않는 경우가 허다하다. 기상대 숙소에서 밖을 내다보며 비가 그치기를 기다리던 그때의 초조하고 안타까운 마음이 왜 지금 떠올랐을까? 화려한 봄꽃과 어우러진 잉크 빛 천지의 모습을 상상하며 일주일 내내 숙소 안에서 비가 그치기만 바라던 심정이 되살아나니 더욱 초조해진다. 호텔로 돌아오는 길에 차창으로 사정없이 뿌려대는 빗줄기를 보며 마음은 더 무거워지기만 했다. 뒤척이며 잠 못 드는 호텔 방에서의 긴긴 밤 동안에도 비는 계속 내렸다.

선잠으로 날을 새고 아침 일찍 예정보다 서둘러 호사비오리 보호지구로 갔다. 비는 어제 저녁보다 더 세차게 내려서 앞 유리창에 부딪히는 빗물을 와이퍼가 감당 못 할 지경이다. 앞이 잘 보이지 않아서 지나가는 차들도 모두 엉금엉금 기어간다. 마치 작은 개울처럼 도로에는 빗물이 사정없이 흐르고 있다. 한숨이 절로 나온다. 운전하는 김룡도 긴장해서 운전대에 몸을 바짝 붙이고 있다. 보호지

2011년 6월 18일, 열흘간의 백
두산 여정 중 일주일 내내 비가
내리다가 멈춘 6월 25일 아침 백
두산 천지의 모습. 그렇게 비가
많이 내렸는데도 영봉의 골짜기
에 쌓인 눈이 다 녹지 않았다. 이
한 장의 사진을 위해 그렇게 오
랜 기다림이 필요했던 것이다.

구를 관리하는 당 씨가 아직 출입문을 열지 않았다. 김룡이 전화하자 당 씨가 왔다. 쏟아지는 빗줄기에 쫓기듯 사무실부터 찾아 들어갔다. 당 씨 말로는 강물이 불어서 건널 수 없다고 한다. 언제나나를 보고 웃던 그의 얼굴에도 웃음기가 싹 가셨다. 밤새 둥지 밑을 지키고 있는 다른 젊은 직원과의 통화로는 둥지에 별다른 변화가 없다고 한다. 비가 계속 내리는 통에 둥지에 올라가지 못해서 부화가 됐는지는 확인할 수 없다고 한다. 그러니까 아직 새끼가 밖으로 나오지 않았다는 점만큼은 확실하다는 게 그나마 위안이 되었다. 보통 강물이 불어나면 보트를 타고 물을 건너는데 지금은 물살이 센 탓에 보트를 저어서 건너기도 어렵다고 한다. 비가 그치고 물살이 잠잠해지기를 기다려야 하는 상황이다. 백두산 천지의 사진을 찍기 위해 산에 올랐을 때 비가 그치기만을 바라던 기상대의 숙소에서처럼 이제는 호사비오리 보호지구 사무실에서 비가 그치기를 염원하는 신세가 되었다.

백두산에는 주로 겨울을 보낸 뒤 봄을 맞는 6월에 많은 비가 내린다. 그 비가 겨우내 쌓였던 눈을 녹이고 골짜기로 흘러서 송화강 줄기로 모이며 그 강물이 돌고 돌아 압록강, 두만강을 이룬다. 바로 그 송화강 지류가 호사비오리 보호지구를 관통하고 있다. 개울 건너 숲속에서는 세찬 빗줄기 속에서도 뻐꾸기 소리가 들려온다. 개울물이 작은 댐을 타고 넘으면서 요란한 폭포 소리를 낸다. 마치 천둥 치는 소리 같다. 자연의 요동치는 변화를 지켜보며 마땅히 할 일이 없다. 김룡은 사무실 한켠에 있는 숙직실 방바닥에 늘어지게 대자로 누워 있다. 김룡의 무심히 불룩 솟아 있는 배가 숨 쉴 때마다 천장을 향해서 오르내리는 모습에 나도 모르게 긴 심호흡을 하게

중국 쪽 백두산 천문봉에서 바라본 서쪽의 용문봉. 6월 초순에서 중순으로 넘어가는 시기에도 봉우리 계곡마다 겨우내 쌓였던 눈이 채 녹지 않았다. 용문봉 아래 천지의 달문에서 장백폭포로 물이 흐른다.

장백폭포에서 흐른 물이 이도백하를 휘돌아서 사진에서 보이는 호사비오리 자연보호지구 내의 호수를 이루고 있다.

되었다. 차분하게 기다리라는 암시 같다. 사무실 맞은편 숙소 처마 밑에 둥지를 짓고 있는 귀제비들도 잠시 나래를 접고 처마 밑 아직 완성되지 않은 둥지 가장자리에 옹기종기 모여 있다. 세차게 쏟아지는 빗줄기를 물끄러미 쳐다보는데 이런 심란한 마음을 아는지 모르는지 김룡의 코 고는 소리가 태평하게 들려온다. 그게 싫지만은 않은 게 신기할 따름이다. 다만 호사비오리 알이 부화해서 새끼들이 어미를 따라 둥지 밖으로 나오는 것을 보지 못하게 될까봐 조바심이 난다. 출국할 때만 해도 호사비오리 새끼들이 둥지 밖으로 날아내리는 장면을 머릿속에 그리며 흥분과 기대감으로 가득 차 있었는데 막상 현장에 도착해서 강 건너 불구경하는 신세가 되니 한숨이 절로 나온다. 우리나라는 편서풍의 영향으로 구름이 서북쪽에서 동남쪽으로 흘러간다. 서쪽 하늘의 구름 상태를 쳐다보는 게 산사진을 찍으면서 생긴 버릇인데 오늘도 그 버릇이 나온다. 서쪽 하늘이 훤해지면 비가 그칠 확률이 높아지는 걸 잘 알기 때문이다. 그러나 서쪽 하늘에는 무심하게도 시커먼 먹구름만 몰려오고 있다. 날이 점점 더 어두워진다. 덩달아 마음도 어두워진다. 태평으로 누워 잠자던 김룡의 배꼽시계가 작동하기 시작한 듯 그가 기지개를 켜면서 부스스 일어난다.

"아직 비가 와요?"

말이 없는 내 표정에서 심상치 않음을 눈치챈 듯 힐끗 쳐다보고는 창가로 간다. 이젠 바람까지 강하게 불기 시작했다. 개울가의 커다란 나무들이 춤을 춘다. 나뭇가지 부딪치는 소리가 빗소리와 어우러져 불안감을 자아낸다. 바람이 강하게 불면서 비가 잠시 잦아들고 있는 것 같다.

"비가 그치려나?"

내 불편한 심기를 건드리지 않으려고 김룡은 대답을 아낀다. 그도 당장 비가 그칠 것 같지 않다는 걸 창밖 분위기로 알고 있는 듯하다. 귀제비들이 약속이나 한 듯 후루룩 개울 위로 날아 나간다. 제비들의 날갯짓을 멍하니 쳐다보는데 그 제비들보다 더 높이 매 한 마리가 날아갔다. 심심하던 차에 얼른 쌍안경으로 보니 새호리기다. 여름 철새인 새호리기가 올해에도 잊지 않고 백두산 자락에 찾아왔다. 2014년 호사비오리 어미가 새끼들을 데리고 다니는 모습을 촬영할 때 나타났던 그 새호리기가 생각난다. 날렵하게 생긴 이 녀석은 제비 새끼들이 둥지를 벗어나 먹이활동을 하러 하늘을 날 때 이 제비 새끼들을 사냥해서 자기 새끼에게 먹인다. 그러니까 제비 새끼들이 막 둥지를 벗어날 즈음 새호리기 새끼들이 부화한다고 보면 된다. 자연의 먹이사슬은 절묘하다. 먹잇감이 풍부할 때 새끼를 기르는 것은 모든 새가 마찬가지인 것 같다. 산속에서 둥지를 만들고 새끼를 키우는 맹금류 대부분은 자신들의 먹잇감이 되는 산새들이 알을 품고 부화하는 시기에 자신들 또한 알이 부화되도록 진화한 것으로 보인다. 새호리기는 직접 둥지를 짓지 않는다. 우리나라에서는 주로 묵은 까치 둥지나 까마귀 둥지에 알을 낳고 새끼를 기른다. 이곳 백두산 자락에서는 새호리기가 어느 곳의 둥지를 선택할까? 궁금해진다. 이도백하에는 까치가 보이지 않는다. 즉 까치 묵은 둥지가 있을 리 없다. 그렇다면 어디에 둥지를 틀까? 마을 주변에 울창한 소나무 숲이 많은데 그곳의 까마귀 둥지를 이용할까? 비가 계속 오면 호사비오리 둥지로 건너가지 못할 것은 뻔하니 물을 건너지 않는 소나무 숲이나 찾아가서 다른 맹금류 둥지를 찾아볼까 싶다. 날이 어두워지면서 비가 또 세차게 뿌리기 시작한다. 몸도 덩달아 무거워지고 점심 먹으러 시내로 갈 기분도 아닌 터라 늘어졌더니 김룽이 말을 걸어온다.

"점심으로 만두나 사올까요?"

망설임 없이 답했다.

"그거 좋지!"

당 씨도 집에 가지 않고 우리와 함께 만두로 점심을 해결하기로 했다. 그날 오후 내내 비는 그치지 않았고 강물은 점점 불어나서 성난 파도처럼 용트림을 하며 흘러갔다. 강가로 나와서 상황을 파악하던 나를 위로한답시고 당 씨가 김룽에게 얘기하는 것을 통역해주는데, 당 씨 말로는 비가 그치고 하루 정도 있으면 강물이 금방 잦아들고 건너갈 수 있단다. 호사비오리 부화 예정 날짜가 오늘인데 비는 계속 내리고 물은 건널 수 없으니 이번에도 촬영하지 못할 것 같은 불안한 마음만 앞선다. 몇 년을 이곳에 다녀갔지만 비가 와서 강을 건너가지 못하는 것은 올해가 처음이다. 강 건너 호사비오리 둥지를 지키고 있는 사 사장 직원과의 통화에서 아직 별 다른 변화가 없다는 김룽의 말에 일단 안심하고 호텔로 철수했다. 그날 밤새 내리는 빗소리에 어젯밤처럼 안절부절 못하고 잠을 설쳤다.

이튿날 아침, 기대하지 않았는데 비가 그쳤다. 아직 하늘은 보이지 않고 구름이 가득하지만 서쪽 하늘이 훤해지고 있다. 오늘은 날이 개일 것 같은 희망이 비친다. 서둘러 호사비오리 보호지구로 갔다. 사무실 마당에 도착하자마자 빗소리가 그친 대신 강물 흐르는 소리가 마치 천둥 치는 소리처럼 들린다. 오늘도 물을 건너는 것은 어려울 듯한 예감이 든다. 물 건너에서 호사비오리 둥지를 지키고 있는 사 사장 직원에게 끼니를 해결할 음식을 전해주어야 하는데 방법이 없어서 손 놓고 있다고 당 씨가 안절부절 못한다. 난감하다.

사진 속 참매 한 쌍은 강원도의
한 야산 낙엽송에 둥지를 만든
뒤 한창 산란 중이다. 8년 동안
관찰한 참매 둥지는 모두 소나무
나 낙엽송 같은 침엽수에 있었다.

천연기념물 제323-1호인 참매
는 우리나라에서 텃새로 살아가
는 개체와 봄이 되면 이곳 백두
산이 있는 중국 동북쪽으로 올
라와서 번식하는 철새가 있다고
알려져 있다. 사진은 우리나라
중부 지방의 야산 소나무에 둥
지를 만들고 새끼를 키우는 참
매의 모습이다.

호사비오리 새끼들을 촬영하는 것보다 직원의 안전이 더 걱정이
다. 무전으로 서로 연락하며 상황 파악을 하고 있다는 게 다행이라
면 다행이다. 이곳에서 물이 빠지기를 막연히 기다리는 것은 의미
가 없을 듯싶다. 아쉽지만 요란한 강물 소리를 뒤로하고 사 사장 집
이 있는 보마촌 근처의 소나무 숲이 울창한 곳으로 가기 위해 김룡
이 운전하는 차를 탔다. 호사비오리 새끼를 촬영하는 것은 현실적
으로 어렵게 되었으니 차선책으로 생각난 게 백두산 맹금류의 번
식 생태를 찾아보는 것이었다. 중국으로 출국할 때부터 여건이 되
면 꼭 찾아보고 싶다고 다짐했던 터이다. 그중에서도 국내에서 8년
간 기록했던 참매의 번식을 보고 싶었다. 과연 백두산에도 참매가
있을까 하는 것이 최대 관심사였다. 이곳 보마촌에 올 때마다 마을
건너편에 있는 소나무 숲을 가고 싶었는데 그동안 기회가 주어지지
않았다. 김룡에게 소나무 숲으로 가달라고 하자 차가 서서히 움직
이기 시작했다.

　마을 바로 앞으로 흐르는 강을 건너야 하는데 과연 건널 수 있
을까? 걱정이 앞선다. 작은 마을이고 강 건너편에는 집이 한 채 있
을 뿐이며 나머지는 거의 다 농경지와 숲이기 때문에 변변한 다리
가 없다. 드럼통을 강바닥에 몇 개 늘어놓고 그 위에 콘크리트를 부
어 만든 간이 다리가 유일한 교량이다. 평소에는 물이 많이 흐르
지 않기 때문에 다리 위로 물이 넘치지 않아 마을 주민들이 오가
는 데 아무 문제가 없다. 다만 이렇게 큰비가 내려서 물이 많이 흐
를 때는 간이 다리　위로 물이 넘친다. 사람이 걸어서 다니기에는
위험할 수 있다. 오늘 같은 날은 차량도 건너다니기 만만치 않을 듯
해 마음이 조마조마하다. 김룡의 차가 다리 위로 들어섰는데 다리

위로 흘러넘치는 물살이 세서 차가 휘청거리며 요동친다. 김룡이 몸을 운전대에 바짝 붙이면서 차에 부딪혀오는 물살을 흘끗거린다. 긴장된 눈동자에 눈썹이 잔뜩 치켜올라갔다. 그 모습을 보니 나도 덩달아 몸이 굳는다. 조심조심 30미터쯤 되는 다리를 건너는데 마치 몇 시간을 건너온 듯하다. 손에 땀이 촉촉하게 배었다.

무사히 건너서 외딴 농가주택 옆으로 난 길을 따라 숲 쪽으로 오르기 시작했다. 우선 소나무 숲으로 가기 전에 초지를 지나는데 그 넓은 초지에 내 키와 비슷한 전나무와 구상나무 비슷한 묘목들이 끝없이 심어져 있었다. 이 중에서 산길 오른쪽 나무 묘목들은 모두 사 시장이 주인이라면서 김룡이 그 범위를 알려준다. 가리키는 범위가 축구장 몇 개는 될 성싶다. 그 묘목 밭과 밭 사이의 비포장 길을 지나오는데 노랑때까치 한 마리가 차를 피해 황급히 날아간다. 혹시 둥지가 있을까 해서 이 녀석이 처음에 날아 나갔던 나무 근처로 갔다. 그런데 나무 가까이에 다가서기도 전에 황당하게도 먼발치에서 둥지가 훤히 보이는 것이 아닌가. 이 녀석, 차가 지나갈 때 그대로 앉아 있었다면 둥지를 들키지 않았을 텐데 제 딴에는 경계한다고 미리 움직인 게 실수였다. 여기서도 전나무 가지 사이에 둥지를 만들고 알을 품고 있었다. 땅바닥에서 50센티미터 높이에 알이 7개 들어 있는 예쁜 둥지가 쉽게 눈에 띈다. 차에 앉아서도 들여다보인다. 참 신기하다. 이곳에는 뱀이 없어서 둥지를 낮게 지었을까? 천적으로부터 공격당하지 않는다고 믿는 걸까? 보통 새들이 둥지 위치를 선택할 때는 주변 상황을 꼼꼼히 둘러보며 천적이 있는지 없는지 본능적으로 살핀다고 알고 있다. 대부분의 둥지는 밖에서는 알아볼 수 없도록 밀폐된 곳에 짓는 게 보통이다. 이곳 백두산 자락에서는 평소 알고 있던 상식이 통하지 않는 야생의 생태를

백두산 자락에서 관찰된 노랑때까치 둥지에 있는 알의 색깔은 모두 청회색 바탕에 옅은 갈색 반점이었는데 사진에서 보이는 알은 유일하게 분홍색이었다.

평소 발견한 노랑때까치의 알은 사진에서 보듯이 청회색 바탕에 옅은 갈색 반점이었다.

수없이 목격해 놀라움을 금치 못한다.

또 하나, 알 수 없는 상황에 혼란스럽다. 이 둥지의 알은 지금까지 봤던 노랑때까치의 알과는 다르게 분홍색을 띠고 있다. 보통 노랑때까치 알은 청회색인데 이렇게 분홍색을 띠는 이유가 있을까? 혹시 노랑때까치가 아닌 다른 종일까? 아니다, 조금 전에 내가 본 것은 틀림없이 지금까지 백두산에서 봤던 그 노랑때까치가 맞다. 그럼 알 색깔이 다른 것은 무슨 이유일까? 아무리 궁리해봐도 알 수 없다.

우리나라에 흔한 텃새로 붉은머리오목눈이라는, 참새보다 더 작은 산새가 있는데 이 새의 둥지에 뻐꾸기가 탁란을 많이 한다. 이 새는 예부터 뱁새라는 이름으로 잘 알려져 있다. 이 새의 알은 모두 파란색이었는데 뻐꾸기가 이와 똑같이 파란색 알을 낳아 뱁새 둥지에 탁란을 하다보니 일부 뱁새가 이를 피하려고 진화하여 알을 하얀색으로 낳게 되었다. 뻐꾸기의 파란색 알을 파악해 탁란을 방지하고자 하는 고육지책이 아니었을까? 결국 뻐꾸기의 탁란으로부터 살아남기 위한 생존 전략을 세운 셈인데 일부 뻐꾸기가 이제는 그 하얀색 알을 낳는 뱁새 둥지에마저 같은 하얀색 알로 탁란하면

우리나라 붉은머리오목눈이의 알 대부분은 처음에 사진처럼 푸른색이었다.

충청도의 한 야산 자락의 덤불 속에 둥지를 만든 때까치의 알이다. 회색 바탕에 옅은 갈색 반점이 노랑때까치와 비슷하게 생겼다.

서 붉은머리오목눈이의 진화에 뻐꾸기도 맞서 진화하고 있는 것으로 추정된다. 결국 같은 종의 붉은머리오목눈이 알이 두 가지 색으로 발견되는 것인데, 혹시 이 노랑때까치도 그런 이유가 있는 것일까? 흥미로운 일이지만 짐작만 갈 뿐이다. 이 노랑때까치와 같은 때까치 종류 중에 우리나라에서도 흔히 보이는 때까치가 있다. 이 새도 붉은머리오목눈이가 좋아하는 찔레나무 속이나 낮은 나무의 덩굴 속에 둥지를 만들며, 노랑때까치처럼 청회색 바탕에 갈색 반점이 있는 알을 낳는다. 오랫동안 이 때까치가 새끼를 키우는 장면을 촬영한 적이 있지만 뻐꾸기가 탁란한 둥지는 한 번도 보지 못했다. 그래서일까? 이 새의 알은 모두 한가지 색뿐이다. 이 때까치의 둥지 위치나 둥지 모양 등이 붉은머리오목눈이와 비슷한데 왜 뻐꾸기가 때까치 둥지에는 탁란하지 않는 것일까? 백두산에서 번식하는 노랑때까치가 어떤 이유로 두 가지 색의 알을 낳고 있는지 궁금하다.

그 궁금증을 풀어보려고 이리저리 머리를 굴려보지만 '이거로구나' 하는 정답은 떠오르지 않고 머리만 복잡해질 뿐이다. 갸웃거리며 다시 김룡의 차를 타고 소나무 숲으로 접근했다. 차는 숲 근처 임도에 세우고 쌍안경과 물병을 챙겨 숲으로 들어갈 준비를 하는데 김룡은 이번에도 들어갈 생각을 않고 미적거리며 눈치를 본다. 같이 숲으로 가자고 하자 눈도 마주치지 않고, "무전기나 잘 챙기세요" 하며 퉁을 준다.

그 말을 뒤로하고 혼자서 숲으로 들어갔다. 백두 평원의 소나무 숲은 하늘이 보이지 않을 정도로 울창하지만 우리나라 숲처럼 산마루가 있는 것은 아니어서 그저 평지를 걷는 것과 같다. 임도에서 점점 멀어지면서 오솔길조차 없는 숲인데, 손목시계에 있는 방위 표시에 의지하다보니 길을 잃지나 않을까 하는 두려움이 일어 애써 맘을 진정시킨다. 이렇게 아무런 간섭도 받지 않고 숲속을 걸을 때의 적막감과 미지로 찾아 들어가는 두려움, 그리고 어떤 새로운 것을 발견할까 하는 호기심과 찾고자 하는 맹금류의 둥지 모습을 상상해보는 흥분이 한꺼번에 교차하면서 가슴은 벌써부터 두근거린다. 먼 곳에서 되지빠귀의 구애 소리와 닮은 멋진 새소리가 마음의 평정을 찾게 한다. 그리고 가끔 까마귀가 숲을 스치듯 날아가면서 특유의 카랑카랑한 소리를 내는 것 외에 숲속은 너무나 조용하다. 정작 찾고자 하는 맹금류 소리는 아무리 귀 기울여도 한 번도 들리지 않는다. 2014년에 우연히 찾았던 새매의 둥지를 머릿속에 떠올리면서 지쳐가는 발길에 힘을 실어본다. 가도 가도 지나온 길이나 앞에 보이는 길이나 똑같아 보여 조금 무서워진다. 내 발소리에 찾고자 하는 새가 미리 나를 피해 도망가지 않을까 염려해 발걸음을 조심하다보니 혹시 맹수와 가까운 곳에서 마주칠까 두렵기까지 하다. 그렇다고 발소릴 크게 낼 수도 없어 진퇴양난이다. 그런 두려움이 들면 마음은 점점 위축되기 십상이다.

숲으로 들어온 지 한 시간이 지났다. 잠깐 걸음을 멈추고 땀을 닦으며 불안한 마음을 달랠 겸 풀밭에 앉았다. 간간이 부는 바람이 소나무 가지에 부딪혀서 마치 해안가의 파도 소리처럼 들릴 뿐, 그 바람마저 잠잠해지면 정말 내 발자국 소리만 도드라질 정도로 주위는 몹시 조용하다. 그 분위기가 언젠가 백두산 풍경을 촬영하기 위해 촬영팀과 같이 왔던 기억을 떠올리게 한다. 당시의 사건은 나 자신에게도 언젠가 닥칠 수 있다는 충격 때문에 15년이 흐른 지금도 생생하게 기억난다.

풍경 촬영팀과 함께 백두산 풍경과 야생화를 찍으러 2001년 6월

중순 백두산 여정에 올랐을 때의 일이다. 첫째 날 백두산 정상에
올라 천지의 모습을 촬영하고 둘째 날 서쪽으로 이동해서 천지로
가는 길목에 있는 왕지라는 작은 연못 주변의 흐드러지게 핀 야생
화를 촬영했다. 10여 명의 동호인은 저마다 풀밭에 숨겨진 야생화
를 찍는다고 땅바닥만 쳐다보면서 뿔뿔이 흩어졌다. 누가 옆에 있
는지, 내 앞으로 지나치는지 돌아볼 겨를도 없었다. 모두들 정신없
이 처음 보는 야생화에 매료되어서 시간 가는 줄 모르고 촬영하기
에 바빴다. 특히 복주머니난은 최고의 인기를 누렸다. 백두산에서
만 볼 수 있다는 털복주머니난을 찾아서 남보다 먼저 찍어볼 요량
에 다른 사람이 어디로 가는지 신경 쓸 겨를이 없었다. 누구는 훤
한 들판으로 다니면서 촬영하고 누구는 지금 내가 매 둥지를 찾는
다고 숲속을 헤매듯이 소나무 숲이 울창한 곳으로 방향도 가늠하
지 않은 채 무엇에 홀린 듯이 찾아 들어갔다. 그렇게 야생화에 이끌
려 카메라만 들여다보던 사람들이 사전에 약속한 시간이 되자 하
나둘 약속 장소로 모여들었다.

　모인 사람끼리 자신이 찾아서 찍은 야생화의 예쁜 모습을 어떻
게 찍었고 무엇을 찍었는지 서로 자랑하며 팀원들이 다 모이기를
기다렸다. 그런데 이게 웬일인가! 한 사람이 오지 않았다. 약속 시간
으로부터 30분이나 지났는데도 오지 않는 것이다. 처음에는 모두
들 조금 더 기다리면 오겠지 하고 대수롭잖게 여겼는데 한 시간이
더 지나자 슬슬 걱정되기 시작했다. 웅성웅성 다들 긴장하는 모습
이었다. 해질 시각이 다가와 마음들은 더 초조해졌다. 더 기다려보
자는 사람들과 더 기다리다가는 우리 촬영 일정에 차질이 생기니
다음 목적지로 가자는 사람들과 백두산 산림보호국에 신고해야 한
다는 사람들이 서로 자기 의견을 내세우면서 시끄러워졌다. 안내하

던 조선족 동포 젊은이가 당황해서 한참을 우왕좌왕 숲속으로 들어갔다가 나오기를 반복하며 이름을 크게 불러보더니 산림보호국에 일단 신고해야 한다며 우리를 현장에 남겨둔 채 황급히 차를 타고 산림보호국 사무실로 갔다. 그동안 우리는 오지 않는 한 사람을 약속 장소에서 초조히 기다렸다. 그렇게 시간이 흐르고 조선족 동포인 가이드가 산림보호국 직원 세 명과 같이 돌아왔다. 가이드가 차에서 내려 그 산림보호국 직원에게 침을 튀기며 이쪽저쪽을 가리키면서 중국 말로 상황을 설명했다. 한참을 듣던 직원들이 고개를 끄덕끄덕하더니 어디론가 차를 타고 달려갔고 가이드는 산림보호국 식원들이 이야기하는 것을 전해주었는데, 이곳에서 기다려 봐야 소용없다고 한다. 앞에 보이는 숲으로 들어갔으면 다시는 이곳으로 오지 않고 엉뚱한 곳으로 나갈 확률이 높다면서 자기들이 예상하는 곳으로 갔을 확률이 더 크다는 것이다. 가끔 관광객들이 이곳에 야생화를 찍으러 와서는 길을 잃는 사고가 발생하는데 그때마다 길을 잃고 헤매던 사람을 찾았던 곳이 있다고 한다. 그 말에 모두 긴가민가하면서도 안심을 하는 눈치였다. 모두들, 그러니까 우리는 여기서 기다릴 필요 없이 자기들한테 맡기고 숙소로 돌아가서 기다리라고 한다. 곰곰이 생각해보니 정말 우리가 직접 해결할 방법은 없는 듯했다. 이곳 지리를 전혀 모를 뿐 아니라 사방팔방이 다 똑같이 보이는 숲속에 사람을 찾는다고 들어갔다가는 오히려 길을 잃기가 십상일 것이다. 그걸 잘 알고 있기 때문에 산림보호국 직원들이 우리에게 숲으로 들어가지 말라고 하는 것이다. 결국 우리는 해가 지기도 전에 촬영을 포기하고 숙소로 향했다. 숙소에서 저녁을 다 먹을 때까지 길 잃은 사람을 찾으러 간 직원들로부터 어떤 소식도 없었다. 모두들 근심 걱정에 잠 못 이룬 채 밤 10시를 막 지났을 무렵이었다. 밖이 소란스러워 다 같이 황급히 뛰쳐나가보니, 중국 산림보호국 직원들이 길 잃었던 우리 동료를 앞세우고 돌아왔다. 우리는 무슨 경기에서 승리한 선수를 맞는 것처럼 환호하며 그 사람을 얼싸안았다. 서로 악수를 나누며 다친 곳은 없느냐, 고생했다, 어떻게 된 일이냐 정신없이 묻다보니 난장판이 따로 없었다. 그렇게 환영을 하면서도 그 사람의 몰골을 보고 모두 얼마나 고생했는지 짐작을 하는 눈치였다. 산속에서 길을 찾는다고 얼마나 헤맸으면 그 튼튼한 청바지가 너덜너덜해져 걸레가 다 되었을까? 길을 잃었다고 알아차렸을 때 얼마나 놀랐을까? 아마 정신이 하나도 없었을 것이다. 길 찾는다고 주변에 있는 가시나무를 피할 생각이나 했을까? 무작정 헤치고 앞으로만 나갔을 테니 바지가 찢기는 줄도 몰랐을 것이다. 산림보호국 직원들 말에 의하면 잘못했다가는 북한 쪽으로 국경을 넘어갔을지도 모른다고 했다. 정말 가슴을 쓸어내리도록 아슬아슬한 위기를 용케 피해서 돌아왔으니 그나마 운이 좋았다고 해야 할 것이다.

길을 잃었다가 캄캄한 밤에 구조되어서 돌아온 그 사람은 우리를 만나고도 반가운 기색 없이 사색이 된 표정으로 멍하니 앉아 말이 없었다. 정신이 돌아오지 못한 듯했다. 체격이 건장할뿐더러 특전사 출신이라면서 출국할 때부터 자랑했던 그 당당하던 사람이 맞는지 의심이 들기까지 했다. 보통 사람도 아니고 생사기로에서의 힘든 훈련을 밥 먹듯 했다는 무용담을 늘어놓던 그가 혼자 길을 잃고 10여 명이나 되는 사진가의 한나절 일정을 그르친 장본인이 되었으니 쥐구멍에라도 들어가고 싶은 심정이었을 것이다. 그전까지만 해도 이동하는 버스 안에서 혼자 떠들며 큰소리치던 그는 그 사건 이후로 여행이 끝날 때까지 쥐죽은 듯 말이 없었다. 일행 중 짓궂은 누군가가 특전사의 용맹함을 비꼬는 농담을 해도 들은 척도 하지 않았다. 그 모습을 보면서 모두 실실 웃기까지 해도 전혀 상대하지 않았으니 충격이 컸던 모양이다. 백두 평원의 울창한 숲은 그렇게 당당하던 사람에게 겸손이 무엇인지 제대로 가르쳐주었다.

15년 전 그 에피소드를 생각하자 나도 모르게 주변 숲을 둘러보게 되면서 슬쩍 걱정이 든다. 되돌아 나가는 길을 혹시 찾지 못하는 것은 아닐까. 숲으로 들어오면서 미리 중간 중간에 내가 알아볼 수 있도록 표시를 해두긴 했다. 방향을 바꿀 때마다 나뭇가지를 꺾어서 표시하고 수변의 특색 있는 나무의 형태를 기억해놓았다. 그렇게 들어왔지만 자꾸만 걱정이 앞선다. 그래서 김룡에게 무전기로 통화를 시도해보았다. 연결이 잘되는지 확인하고 싶어서다. 김룡이 무슨 일이 있느냐며 궁금해한다. 안심이다. 걱정을 털어버리고 다시 일어나서 울창한 숲 쪽으로 발길을 재촉했다. 숲으로 들어오며 품었던 기대와 달리 숲속이 너무 조용하다. 매 둥지가 이 숲 어딘가에는 있으리라 확신했는데 이따금 보이는 것은 지빠귀 둥지 정도의 작은 새 둥지뿐이다. 발걸음에 점점 더 힘이 빠진다. 김룡에게 12시까지 주차한 곳으로 돌아오겠고 약속했는데 돌아갈 시간이 다 된 것 같다. 조심조심 주변을 살피던 발걸음이 이젠 타박타박 맥이 없다. 조심할 것도 없으니 발소리가 숲속을 울린다.

우리나라 산세와 많이 다른 것을 감안해도 이처럼 울창한 숲속에 매 둥지가 거의 보이지 않는다는 게 믿기지 않는다. 하늘은 이제 먹구름이 걷히고 파란빛을 드러내기 시작한다. 날이 점점 밝아진다. 계곡의 강물이 더는 불어나지 않고 점점 빠지겠지. 그러면 호사비오리 둥지가 있는 댐 위로 강물이 흘러넘치겠지만 보트가 건너

307

갈 수 있을 정도는 될 것이다. 이런 생각이 문득 들자 매 둥지를 찾는 것보다는 빨리 이 숲을 벗어나서 호사비오리 보호지구로 가야겠다는 마음에 발길이 급해졌다. 숲을 돌아 나오는 길이 마음처럼 순탄치만은 않다. 들어오면서 표시해둔 나뭇가지가 잘 보이지 않아서 어떤 곳에서는 한참을 지나쳤다가 되돌아와 확인한 뒤 길을 찾기도 했더니 조금 초조해진다. 마음이 급하니 땀이 더 나는 것 같다. 침착해야지 하면서도 마음대로 되지 않는다. 손목시계에 나타난 방위를 보면서 겨우겨우 길을 잃지 않고 숲을 빠져나와 김룡의 차를 보는 순간 안도의 한숨이 절로 나왔다. 백두산 서쪽의 왕지 연못 근처에서 길을 잃었던 그 동료의 정신 나간 얼굴이 순간 언뜻 스쳐 지나갔다.

차에 누워 졸고 있던 김룡이 부스스 눈을 비비며 차 문을 열고 나온다. 뭐 찾은 게 있는지 눈으로 묻는데 옷에 붙은 거미줄과 먼지를 툭툭 털면서 한숨만 쉬니까 눈치챘다는 듯 아무것도 묻지 않는다. 그 길로 차를 돌려서 마을로 내려왔다. 그래도 궁금했던지 차 안에서 슬쩍 묻는다.

"뭐 봤어요?"

"아니."

숲속으로 혼자 들어가게 한 것이 마음에 걸렸던지 더는 묻지 않는다. 마을에서 다시 시내로 나와 점심을 먹고 호사비오리 보호지구로 갔다. 비는 그치고 파란 하늘에 커다란 뭉게구름이 예쁘게 펼쳐진 모습을 보자 뭔가 희망이 비치는 듯해 오전 내내 헛걸음으로 지친 몸과 마음이 가벼워졌다.

"당 씨에게 연락해봐. 혹시 호사비오리 둥지 있는 곳으로 강물을 건너갈 수 있는지."

　김룡이 내 마음을 알아채고 무전기를 꺼내 연락하는데, 사 사장이 그곳 사무실에 있다고 한다. 아직 강을 건너기에는 물살이 센데 몇 시간 더 기다리면 강을 건널 수 있을 것 같다고 한다. 그래서 사 사장도 기다리고 있는 것 같다. 그 소식을 들으니 갑자기 마음이 바빠지고 흥분된다. 예상보다 빨리 강물이 줄어들고 있다니 희망이 보인다. 가슴이 벌써 두근댄다. 덩치에 걸맞지 않게 여유롭게 운전하는 김룡을 다그쳐서 속력을 내게 했다. 김룡이 그런 내 마음을 읽었다는 듯 씨익 웃는다. 사무실 앞에 차가 멈추기도 전에 사 사장이 밖으로 나오더니 손을 휘휘 저으면서 나보고 큰소리로 뭐라 한다. 김룡의 말로는 호사비오리 새끼가 모두 둥지를 떠나 둥지에 아무것도 없다고 얘기한단다. 좋은 소식이 아닌 것을 함박 웃으며 말하는 게 아무래도 나를 놀려주려는 듯하다. 놀리는 소리에 실망할 만도 하지만 오히려 안심된다. 농담한다는 것은 한편으로는 상황이 좋아진다는 것을 반증하기 때문이다. 장난에 어울려주려고 짐짓 실망스런 표정으로 사 사장에게 다가가자 그가 금방 정색하고 김룡을 쳐다보며 한참 뭐라고 설명한다. 궁금해서 김룡을 쳐다보며 빨리 통역해달라고 다그치자 지금 강 건너 둥지 앞을 사 사장 직원이 지키고 있는데 호사비오리 둥지에서 새끼들 소리가 들린다면서, 보통 부화하고 24시간 이내에 둥지 밖으로 새끼들이 뛰어내린다고 하니 여기서 대기하다가 강을 건너가자는 말이란다. 듣던 중 가장 반가운 소식이었다. 얼른 손을 내밀어 사 사장 손을 잡고 어깨를 툭 하고 쳤다. 그도 안심된다는 표정으로 씩 웃는다. 까마득히 잊고 있던 어릴 적 소풍 가던 날 아침의 그 기분이다. 참 묘하다. 이 순간 그때의 추억이 왜 떠올랐을까? 김룡도 덩달아 기분이 좋아졌는지 말이 많아졌다. 들뜬 마음 내내 시간은 왜 그처럼 더디게 흐르는지 참 모를 일이다. 사무실에 잠깐 앉아 있다가 강가로 나가 물살의 흐름이 약해졌는지 가늠해보고 물이 얼마나 줄었는지 강기슭을 눈대중해봤다. 사무실에 들어와서 그 상황을 중계방송 하듯이 하다가 또 잠시도 가만있지 않고 밖으로 나가기를 반복하는 나를 보고는 의자에 앉아 졸던 김룡이 한마디 한다.

"그렇게 안절부절 못하시는 것 처음 보네요. 가만히 한숨 주무시라요. 들락날락하면 될 일도 안 되는 기라요."

북한 말씨가 강한 그의 퉁을 들으며 오후 내내 기다렸지만 강을 건너지 못하고 해가 졌다. 아직까지 새끼들이 둥지 밖으로 뛰어내리지 않았다고 한다. 밤에는 움직이지 않는다니까 오늘은 철수하고 내일 새벽에 다시 도전하기로 했다. 사 사장도 주섬주섬 장비를 챙겨서 차에 오른다.

그날 밤은 백두산에서 지낸 어떤 날보다 가장 긴 밤이었다. 밤새도록 호사비오리 새끼가 둥지 위에서 바닥으로 떨어지는 모습이 상상 속에서 나래를 폈다. 눈을 감아도 보이고 눈을 떠도 보이는 환상에 시달리며 긴긴 밤을 보냈다. 중국 시간이 우리나라보다 한 시간 늦다. 여름철에 보통 우리나라는 5시가 조금 지나면 해돋이가 시작되는데 여기서는 4시면 떠오른다. 아직 한참 깊은 잠에 빠져 있던 김룡에게는 이렇게 새벽같이 일어나는 게 끔찍했을 터이다. 그래도 어쩌겠는가. 최대의 라이벌과 한판 승부를 펼쳐야 하는 시합을 앞둔 운동선수처럼 나에게는 오늘이 이번 촬영 일정 중 가장 고대하던 날인 것을. 정말 한순간의 실수도 용납해서는 안 될 결전의 날인 것이다. 오늘 실수로 호사비오리 새끼가 둥지 밖으로 뛰어내리는 장면을 보지 못한다면 또 1년을 기다려야 한다. 물론 1년을 더 기다린다고 해서 그런 장면을 촬영할 수 있으리라는 보장도 없다. 야생은 다음 기회를 약속하지 않는다.

지금까지 야생을 관찰하면서 다음에 또 기회가 있겠지 하고 게으름 피우다가 결정적인 장면을 놓친 게 한두 번이 아니었다. 낚시꾼에게 놓친 고기가 더 커 보인다는 말처럼 야생의 순간을 실수로 촬영하지 못하고 나면 그 장면이 두고두고 머릿속을 맴돌면서 그렇게 아까울 수가 없었다. 게으름 피운 것을 후회하고 반성하면서 다음에는 절대 그러지 말아야지 다짐했지만 자꾸만 그런 실수를 되풀이했다. '오늘은 그러면 안 된다.' 그렇게 안이하게 생각해온 바람에 백두산을 찾아온 게 벌써 6년이나. 오늘은 무슨 일이 있어도 목적을 달성하고야 말리라. 각오를 마음속으로 굳히면서 이불로 다시 기어들어가는 김룡을 다그쳤다. 아무리 안쓰러워도 오늘은 봐줄 수 없다. 다행인 것은 시내의 간단한 음식점이 아침 5시만 되면 문을 열기 때문에 아침을 챙겨서 포장해갈 수가 있다는 점이다.

시간이 금쪽같은 상황에서 한가하게 식당에 앉아 아침 식사를 할 마음의 여유가 없기 때문에 비닐봉지에 아침밥을 포장해 호사비오리 보호지구로 갔다. 사 사장도 벌써 도착해 있었다. 강물은 이제 노도와 같은 물줄기가 잠잠해져서 보트로 건너가기에 문제없다고 한다. 둥지 밑에서 밤새워 지키던 직원이 전하는 말로는 아직 새끼들이 둥지 속에 있다고 한다. 서둘러야 한다. 모두들 짐을 챙겨서 강을 건넜다. 어제 저녁까지만 해도 날이 흐리고 바람이 세게 불었는데, 그런 날 새끼들이 둥지 밖으로 뛰어내리면 촬영하는 것도 쉽지 않았을 테니 정말 다행이다. 오늘은 하늘도 개고 바람도 세지 않다. 무척 조용한 아침이다. 촬영 조건만 보자면 기대 이상으로 괜찮은 날씨다. 사 사장도 좋은 조건에서 촬영할 수 있게 됐다며 한껏 들떠 있다. 활짝 웃으며 나를 보고는 엄지를 들어 보인다. 나도 맞장구를 쳤다. 모두들 기분이 좋다. 들뜬 기분도 잠시, 보트가 강을 가로질러 중간쯤 지날 무렵부터 아직은 거센 물살에 보트가 자꾸만 아래쪽으로 떠내려간다. 체구가 작은 당 씨가 노를 저어 안간힘을 써보지만 보트가 조금씩 물살에 밀린다. 보다 못한 손양빈이 노를 같이 잡고 힘을 보탠다. 옆에서 보는 내내 손에 땀이 난다.

'혹시 보트가 강물에 휩쓸려 떠내려가거나 뒤집히면 메고 있는 카메라 가방을 벗어던져야지.'

최악의 상황을 떠올리며 몇 번이나 마음속으로 다짐했다. 겨우 센 물살을 지나와서 물가에 다다르자 나도 모르게 안도의 한숨이 새어 나왔다. 모두들 강 가운데 있을 때는 거센 물살에 보트가 떠내려갈까봐 새파랗게 질린 얼굴로 말이 없다가 보트가 강가에 다다르자 당황하던 사 사장의 표정을 두고 놀리듯 농담하며 여유를 부린다. 누구보다 더 긴장했을 당 씨의 얼굴에도 화색이 돈다. 출렁이는 물살에 보트가 좌우로 흔들흔들거리는 모습조차 정겹다. 해가 솟아서 나뭇가지 끝에 걸리고 뻐꾸기가 벌써 높은 나뭇가지에 나와 앉아 노래를 부르고 있다. 백두산 송화강 줄기에 또 하나의 추억이 유유히 흘러가고 있다.

강을 건너 불과 100미터 정도의 숲길을 걸으면 호사비오리 둥지가 있단다. 이제부터는 되도록 조용히 해야 한다. 발소리도 죽이고 말소리도 낮춰야 한다. 무전기에서 나는 소리도 크게 들리지 않도록 볼륨을 줄였다. 일행의 발걸음에 "사각사각" 풀잎이 스치는 소리만 일정하게 반복되어 들릴 뿐이다. 언젠가 컴컴한 밤중에 소쩍새를 촬영하러 둥지 가까이에 접근하면서 까치발로 살금살금 걷던 기억이 난다. 둥지로 가는 길목에 커다란 덫이 보인다. 궁금해서 속삭이듯 물었더니 담비를 생포하려고 놓아둔 덫이라고 한다. 담비는 알을 품고 있는 암컷을 기습 공격해 잡아먹는다고 한다. 담비의 공격에 벌써 몇 해 동안 호사비오리 암컷이 희생되었나고 한다. 그래서 호사비오리에게는 담비가 최대의 적이 된 것이다. 궁여지책으로 덫을 놓아서 담비를 생포하려 한다고 했다. 길옆 가

사각형의 철망 속에 닭 한 마리를 미끼로 넣어두었다. 담비를 생포하려는 것으로 호사비오리 둥지가 있는 근처 오솔길에 설치한 덫이다.

장자리에 덩그러니 놓여 있는 철망으로 된 덫 안쪽으로 살아 있는 닭 한 마리가 앉아 있다가 인기척에 놀라 벌떡 일어나면서 지나가는 우리 일행을 물끄러미 바라본다. 그 닭의 눈을 본 순간 측은한 마음에 얼른 고개를 돌렸다. 짠한 마음이 들어 잠시 울적해진다. 과연 그 닭을 사냥하려고 담비가 덫에 걸릴까? 철망으로 된 덫을 위장하지 않고 저렇게 방치하듯 설치해서야 담비가 속아줄지 궁금하다.

어느 해 겨울엔가 대관령으로 담비를 촬영하러 간 적이 있는데, 그때는 생포하는 것이 아니라 야생의 담비를 은밀히 촬영하기 위해 담비가 좋아하는 꿀을 담아 나무 밑에 놓아두고 먼 곳에서 위장한 채 관찰했다. 그때 두 마리가 조심스럽게 다가와 모습을 보였는데

얼마나 귀여웠던지 지금도 잊을 수가 없다. 홀연히 나타났다가 사람 발자국을 경계하며 이상한 낌새를 느꼈던지 카메라 셔터를 눌러보기도 전에 순식간에 사라졌다. 예상보다 훨씬 더 예민한 녀석이었다. 날렵하고 귀여운 모습과 앙증맞은 행동을 보면서 참 멋지구나 생각했는데, 백두산에서는 호사비오리를 잡아먹는 해로운 천적이다. 즉 호사비오리를 보호해야 하는 입장에서는 우선순위로 경계해야 할 대상이며 반드시 없애야 할 귀찮은 존재가 된 것이다. 야생의 존재란 환경에 따라서 호불호가 바뀌는 인간의 기준에 따라 그 생존이 달려 있음을 다시 한번 실감한다.

호사비오리 둥지가 있는 위수나무 근처에 다 왔다는 김룡의 속삭임을 들으며 언뜻 고개를 들어 앞을 보니, 20여 미터 떨어진 평평한 땅바닥에 작은 천막이 하나 보인다. 호사비오리의 천적인 담비나 뱀 등이 둥지에 접근하지 못하도록 24시간 경계하기 위해 만들어놓은 사 사장 직원의 숙소다. 까무잡잡한 젊은이가 텐트 밖으로 고개를 내밀며 우리 일행을 맞이한다. 아직 세수도 하지 않은 꾀죄죄한 얼굴이지만 순진한 미소가 자연을 닮은 듯 꾸밈없다. 모두가 발소리를 죽이며 접근하지만 반가움에 서로 손만 크게 흔들며 저절로 미소를 흘린다. 그 젊은이는 사 사장을 보면서 소곤소곤 둥지의 상황을 설명한다. 아직 새끼들이 둥지에 있다고 한다. 그 말에 벌써 가슴이 두근거린다. 젊은이의 텐트 옆으로 사 사장과 나는 촬영용으로 들고 간 개인용 위장텐트를 서둘러 치고 자리를 잡았다. 나머지 일행도 직원이 기거하는 텐트 안으로 들어가자 주위가 쥐 죽은 듯 조용해졌다. 야생동물들은 대부분 소리보다는 천적이라고 생각하는 다른 동물과 사람의 움직임에 더 민감하다. 그래서 둥지

호사비오리 둥지가 있는 위수나
무 둘레에 울타리를 치고 그 곁
에 둥지를 보호하기 위해 직원
이 상주하는 텐트가 보인다.

강원도 야산에 있는 참매 둥지를 촬영하기 위해 설치한 위장 텐트의 모습. 둥지와의 거리가 30~40미터 되지만 참매는 이 텐트에 사람이 드나든다는 것을 잊지 않고 있었다.

근처에 수상한 물체의 위장텐트가 갑자기 생겨나도 그 위장텐트가 움직이지 않고 조용하면 차츰 경계를 푼다. 물론 그렇다고 해서 그속에 사람이 있다는 것을 잊은 것은 아니다. 둥지로 드나들면서도 그 위장텐트를 항상 경계한다.

예민하기로 따지자면 꿩 사냥을 하는 것으로 잘 알려진 참매를 빼놓을 수 없다. 이 녀석은 둥지 근처에 위장텐트를 설치해놓으면 처음 한동안은 텐트 위를 선회비행하면서 어찌나 큰 소리로 경계를 하는지 숲속이 시끄러울 지경이다.

"끼야악, 끼야악! 꺅 꺅 꺅 꺅!"

날카로운 스타카토의 단말마 같은 경계 소리는 마치 비수로 가슴을 후벼 파는 듯한 아픔을 준다. 그 소리를 듣고 있으면 마치 무슨 죄를 짓고 있는 기분이다.

'그냥 철수해야 되나? 촬영한다고 저 참매를 괴롭히는 것은 아

강원도의 한 야산에 있는 참매 둥지를 촬영하기 위해 설치한 위장텐트 속에서 둥지를 쳐다본 내부의 모습. 촬영을 위한 렌즈가 위장텐트 밖으로 삐죽이 드러나 있다.

강원도 야산에 있는 참매 둥지
에서 어린 참매가 위장텐트 위
로 날아와 앉아서 호기심을 보
이고 있다.

닐까?'

촬영을 포기해야 하나 싶어 망설일 때가 한두 번이 아니었다. 그렇게 며칠간 참매의 질책성 경계 소리를 견디고 나면 그 후로는 좀 잠잠해진다. 하지만 텐트 밖으로 나오다가 다시 참매에게 들키기라도 하면 한바탕 또 난리가 난다. 당장 머리 근처 위로 날아와서 특유의 날카로운 경계 소리 내는 것을 들으면 아무리 강심장이라 해도 재빨리 위장텐트 속으로 도망치지 않을 수 없다. 그 짧은 외마디 같은 경계 소리를 듣노라면 마치 남의 물건을 훔치다가 들킨 양 가슴이 두 근 반 세 근 반 한다. 어떤 녀석은 위장텐트에서 삐죽이 나와 있는 렌즈가 살짝 움직이기라도 하면, 보고 있었다는 듯 득달같이 날아와서 경계 소리를 내지른다. 그래서 촬영 내내 참매를 자극하지 않으려고 어둑한 새벽에 위장텐트에 들어가 해가 진 다음에야 철수했다. 위장텐트 밖으로 기어 나오면서도 발소리 때문에 참매 어미가 눈치 챌까봐 까치발을 한 채 소리 나지 않게 하려고 얼마나 조심했는지 모른다.

지금 둥지에 있는 호사비오리 암컷도 둥지 근처에 있는 위장텐트의 움직임을 계속 경계하고 있을 것이다. 우리가 모두 위장텐트에 들어가서 조용해지자 잠시 후 암컷이 둥지 입구에 나타나 주변을 살피며 위장텐트를 쳐다보다가 둥지 속으로 들어가기를 반복한다. 둥지를 지키던 젊은이의 말로는 새끼들이 부화한 지 하루가 지났다고 한다. 새끼들이 배가 고프기 때문에 며칠이고 둥지에 있을 수는 없단다. 어미 젖을 먹는 포유류도 아니고 둥지 속에는 먹을 것이 아무것도 없기 때문에 어미는 새끼들이 지치기 전에 둥지 밖으로 뛰어내려서 먹이를 찾으러 가야 한다. 그걸 알기 때문에 모두들

위수나무 수공에 둥지를 튼 호
사비오리 암컷이 포란을 하다가
잠깐 둥지 밖으로 나와 휴식도
하고 먹이도 찾는다. 둥지 입구
에 올라선 이 너석은 곧바로 나
가지 않고 밖의 동태를 한참 살
핀 뒤 날아 나간다.

밖으로 나갔다가 둥지로 들어오
는 호사비오리 암컷의 모습인데
곧바로 둥지로 날아드는 것이 아
니라 둥지가 있는 나무 주위를
크게 한 바퀴 돌면서 주변을 살
핀 뒤 둥지로 날아든다.

긴장 속에서 침만 꿀깍꿀깍 삼키며 새끼가 둥지 밖으로 뛰어내리기를 기다리고 있는 것이다. 하늘은 거짓말처럼 맑게 개어서 커다란 뭉게구름이 둥둥 떠가고 바람도 잔잔해 새끼들이 세상 밖으로 나오기에는 최적이다. 촬영 조건도 완벽한 것이 무엇보다 마음을 들뜨게 한다. 몇 년을 기다려왔던 순간인가! 만약 어제처럼 궂은 날씨에 새끼가 뛰어내렸다면 그 또한 아쉬움으로 남았을 것이다. 둥지의 암컷이 이제는 5분도 안 되는 짧은 시간 동안 밖으로 나왔다가 둥지 속으로 들어가기를 반복한다. 안절부절 못하는 그런 어미의 행동을 보고 있자니 마음이 아프다. 새끼를 보호하려고 애쓰는 어미의 본능을 보면서 우리를 경계한다고 자칫 엉뚱한 행동으로 새끼들을 힘들게 하지나 않을까 조마조마하다. 한편으로는 둥지가 안전하도록 밤낮으로 지켜준 덕에 무사히 새끼들을 이소시킬 수 있게 되어 다행이라 생각된다. 어미가 또 둥지 입구에 올라섰다. 주변과 우리 위장텐트를 내려다보면서 낮은 소리를 계속 내고 있다.

"꾸엑 꾸엑 구엑 구엑!"

새끼들에게 용기를 주며 둥지 밖으로 뛰어내려도 된다는 신호 같다. 그러자 밤톨만 한 새끼 한 마리가 어미 곁에 나타났다. 상상으로만 그려왔던 새끼를 처음 본 순간 그 앙증맞은 자태에 숨이 멎는 듯했다. 그때 어미가 새끼를 돌아보더니 훌쩍 둥지 밖으로 날아서 물가 쪽으로 내려앉는다. 그동안 어미가 포란하면서 잠깐 밖으로 외출할 때에는 둥지 입구에서 수평으로 도약하며 날아 나갔는데 이번에는 땅바닥으로 떨어지는 것처럼 머리를 아래로 향하고 뛰어내린 것이다. 마치 새끼에게 뛰어내리는 시범을 보이는 것처럼. 그러고는 강가에 자리를 잡고 새끼를 향해 "꾹꾹꾹꾹" 쉬지 않고 더 큰 소리를 내며 주변을 두리번거리는 모습에서 긴장과 초조함이 역력해 보인다. 둥지 입구에 올라섰던 새끼가 어미 쪽을 보며 "삑삑삑삑" 대답하듯 계속 소리를 내더니 어느 순간 주저 없이 훌쩍 뛰었다. 세상 속으로의 첫발을 과감하게 떼는 순간이다. 어디에서 그런 용기가 나오는 것일까? 어미의 힘일까, 새끼의 본능일까? 아직 날 수 있을 정도로 자라지 못한 날개는 너무 작다. 허공 속에 몸을 던진 새끼의 몸이 낙엽 떨어지듯 땅바닥으로 사정없이 곤두박질친다. 그 찰나에도 새끼는 몸의 균형을 유지한다고 손톱만 한 날개를 좌우로 활짝 벌리고 두 다리는 뒤로 쭉 뻗어서 몸이 뒤집히지 않도록 발버둥 친다.

　떨어지는 새끼의 몸동작을 놓칠세라 반사적으로 셔터를 누르느라고 정신없다. 이 순간을 얼마나 기다렸던가! 촬영의 기본인 구도가 맞는지, 초점이 맞는지를 생각할 겨를도 없다. 그저 무턱대고 셔터를 누르면서 새끼의 동작을 놓칠까봐 온몸의 신경이 곤두섰다. 테니스공처럼 생긴 새끼의 몸이 땅바닥에 "퉁!" 하고 떨어졌다. 그러고는 다시 튀어오른다. 마치 쿠션 위에 떨어진 것처럼 몇 번 튕기는데 그 충격에 기절하지나 않았을까, 혹시 뇌진탕으로 죽는 것은 아닐까 하고 걱정스런 마음에 조마조마하다. 하지만 새끼는 그런 우려가 기우였음을 알리듯 눈을 반짝이며 몸을 툭툭 털고 일어난다. 믿기지 않는 이 작은 자연의 신비를 목격하며 목구멍이 울컥하는 감격이 솟구친다. 새끼는 어미에게 세상 밖으로의 위험한 난관을 멋지게 돌파해냈다는 듯 "삑삑삑삑" 자신의 존재를 알리며 어미 곁으로 종종걸음 치며 달려간다. 눈물이 날 것 같다. 저 조그만 생명체에게서 어떻게 저런 과감하고 용감한 행동이 나올까? 뒤뚱거리며 뛰어가는 새끼의 뒷모습이 수풀에 가려 보이지 않을 때까지 홀린 듯 바라보고 있던 찰나, 둥지 입구에서 또 한 마리의 새끼가 나

2016년 봄. 드디어 호사비오리 암컷이 둥지 입구에 올라서서 밖을 살피고 잠시 후 다시 둥지로 들어가기를 반복한다. 휴식을 취하러 나갈 때와는 많이 다른 행동이다. 드디어 새끼들이 둥지 밖으로 나가려 하는 순간이다.

다시 둥지 입구에 올라선 호사
비오리 암컷이 계속 소리를 낸
다. 낮고 강한 소리다. 아마도 새
끼들에게 신호를 보내는 듯싶다.

호사비오리 어미가 계속 소리를 내던 순간 어미 옆에 밤톨만 한 새끼가 모습을 드러냈다. 버둥대며 둥지 입구로 올라선 새끼가 호기심 어린 눈으로 둥지 밖 세상을 구경한다.

호사비오리 새끼가 어미 옆에 올라섰는데도 어미는 그 후 1분 여 동안 주변을 살피기만 한다. 왜 뛰어내리지 않을까 조마조마 해 하며 카메라 앵글을 보던 순 간, 어미가 둥지를 박차고 훌쩍 뛰어내린다. 새끼에게 "이렇게 뛰 어내리는 거야" 하며 시범을 보 이듯 땅바닥을 향한 모습이다.

어미가 뛰어내린 자리에 한 마리
가 아닌 두 마리의 새끼가 보인
다. 새끼들이 어미가 뛰어내리는
모습을 유심히 지켜보며 집중하
는 표정이 진지해 보인다.

둥지 밖으로 새끼들을 유인할
때와는 달리 포란 중일 때의 어
미가 수평으로 날아 나가는 모
습이다.

부화한 지 하루밖에 안 된 호사
비오리 새끼가 드디어 세상 속
으로 힘차게 날아 내리는 모습
이다. 어미가 보여준 자세 그대
로 뛰었다. 난다기보다 그냥 떨
어진다는 표현이 맞을 것 같다.
기우뚱거리면서도 중심을 잃지
않으려고 혼신의 힘을 다하는
새끼의 동작이 눈물겹다.

땅바닥에 떨어진 새끼가 혹시
나 기절하지 않을까 걱정했는데
기우에 불과했다. 바닥에 떨어
지자마자 벌떡 일어나서 어미를
찾는 소리에 힘이 실려 있다.

마지막에 뛰어내린 녀석이 막내
일까, 아니면 맏형일까? 둥지 입
구에 올라서자마자 망설임 없이
뛰어내리는 이 마지막 새끼의 힘
찬 도약은 그동안의 내 마음고
생을 씻어주었다.

타났다.

　버둥거리며 입구에 올라서서 몸을 가누던 녀석은 "삑삑삑삑" 소리 지르며 주변을 둘레둘레 살핀다. 어미가 어디에 있는지 가늠하는 것 같다. 둥지의 높이는 7미터 정도 되는데 과연 저 작은 녀석이 무사히 뛰어내려 아무 탈 없이 어미를 찾아갈 수 있을까? 걱정이 또 앞선다. 그런 내 염려를 아는지 모르는지 새끼는 아무 예비 동작도 없이 과감하게 첫째처럼 세상 밖으로 몸을 날린다. 공중에 훌쩍 몸을 맡긴 녀석이 손톱만 한 날개를 옆으로 활짝 펴고 낙하산처럼 뛰어내리는데, 뒤뚱뒤뚱 뒤집어질 듯, 그러나 용케도 뒤집어지지 않고 자세를 잡는 장면은 정말 환상적이다. 태어난 지 하루밖에 안 된 저 어린 녀석이 어떻게 저런 몸의 중심을 유지하는 기술을 터득했을까? 역시 본능은 신비롭기만 하다. 이번에도 정신없이 셔터를 눌러댔다. 어떻게 찍혔는지 확인할 틈도 주지 않고 뒤이어 또 다른 녀석이 둥지 위로 올라섰다. 그러고는 한 치의 망설임도 없이 앞에 뛰어내린 녀석과 같은 방향으로 몸을 공중에 맡긴다. 멀리서 들리는 작은 댐 위의 물소리와 새끼들이 어미를 찾는 삑삑거리는 소리에 내 셔터 소리까지 겹쳐진다. 새끼들의 묘기와도 같은 아슬아슬한 둥지 탈출을 보면서 마치 웅장한 음악과 함께 현란한 곡예사들의 공연을 보고 있는 듯한 착각에 빠졌다. 한편으로는 잘 훈련된 병사들이 막타워(낙하산을 메고 비행기에서 뛰어내리는 훈련을 하는 높은 탑) 하강훈련장에서 줄줄이 뛰어내리는 것같이 새끼 여덟 마리가 어느 순간 모두 뛰어내렸다. 뛰어내렸다기보다는 마치 예쁜 아기 인형이 바람에 날려 한들한들 떨어지는 느낌이었다. 뒤뚱거리며 떨어지는 새끼들의 몸이 땅바닥에 부딪히면서 통통 튀어오를 때마다 마치 내가 땅바닥에 패대기쳐지는 듯한 아픔에 몸을 움찔움찔

했다. 얼마나 아팠을까? 그렇지만 걱정과는 다르게 한 마리도 사고 없이 어미가 있는 물가로 달려가 옹기종기 모였다. 첫째부터 마지막 녀석까지 정말 한순간이었다. 누구의 도움도 없이 과감히 세상 밖으로 뛰어내린 새끼들의 용기와 모험을 목격했으면서도 현실 같지가 않다. 한동안 할 말을 잃고 어미와 새끼들을 바라만 보았다.

야생의 신비한 모습이 경이로울 따름이다. 어미는 새끼들이 한 마리도 낙오 없이 다 자신의 품으로 찾아왔다는 것을 어떻게 알았을까? 더 이상은 미련 없다는 듯 뒤도 돌아보지 않고 물을 막아 댐을 이룬 고요한 호수 쪽으로 뒤뚱뒤뚱 서둘러 앞장선다. 마치 약속이라도 한 양 일렬로 줄을 맞춘 새끼들이 어미를 놓칠세라 열심히 뒤따르고 있다. 위장텐트의 구조상 그렇게 강 쪽으로 가는 어미와 새끼들의 모습은 촬영할 수 없지만 눈으로 보고 가슴으로 새겼다.

마침내 새끼들은 다 사라지고 흔들리는 풀포기만 바라보면서도 벅찬 감동은 여전히 가시지 않았다. 내가 과연 야생의 자연에서만 볼 수 있는 그 경이로운 장면을 잘 찍었을까? 사 사장의 위장텐트도 그때까지 조용하다. 아마 그도 자신이 찍은 장면이 궁금해 카메라 모니터를 확인하고 있을 것이다. 우리가 조용하니까 김룡과 사 사장 직원들도 덩달아서 모두 조용하다. 아무도 위장텐트 밖으로 나오지 않는다. 그만큼 다들 새끼가 세상 밖으로 뛰어내리던 순간의 잔상을 쉽게 털어버리지 못하는 눈치다. 이 순간을 보기 위해 4년이란 시간을 인내하며 공들인 게 아깝지 않다. 기회가 되면 다시 한번 보고 싶다. 7미터 높이에서 밤송이처럼 작고 연약한 새끼들이 땅바닥으로 떨어질 땐 큰 충격을 받았을 텐데 한 마리도 사고 없이 무사하다는 것이 놀라울 뿐이다. 공중에 몸을 맡긴 새끼가 날개 같지 않은 자그마한 날개를 활짝 벌리고 두 다리를 최대한 뒤로 쭉 뻗으면서 균형을 잡으며 땅바닥으로 내려오는 모습이 꿈처럼 아직도 어른거린다. 불과 2~3초 밖에 안되는 짧은 순간의 하강이었지만 머릿속의 잔상에는 슬로 모션을 보듯 천천히, 아주 천천히 떨어지고 있다. 밤송이 같은 몸통에 비대칭의 작은 날개를 위아래로 퍼덕이는 모습이 자꾸만 눈에 밟힌다. 새끼의 앙증맞은 자세를 떠올리며 멍하니 정신을 놓고 있는데, 활짝 웃는 사 사장이 의기양양해하며 내 위장텐트로 다가온다. 퍼뜩 정신을 차리고 일어나면서 누가 먼저랄 것도 없이 하이파이브 하듯 서로의 손을 굳게 잡았다.

"하오! 하오! 최고였어요."

내 짧은 축하의 말에 사 사장도 엄지를 들어 공감을 표한다. 말은 통하지 않지만 감정은 다르지 않다. 김룡도 만족하는 눈빛으로 싱긋 웃는다. 모두들 시합에서 승리한 기쁨을 누리는 분위기다. 벌써 특유의 커다란 목소리로 다투는 듯 대화를 하는데 시끌벅적하다. 말을 알아들을 수는 없지만 흥분과 기쁨을 배가시키는 독특한 매력이 있다.

서둘러 위장텐트를 걷고 호사비오리 어미가 새끼들을 데리고 간 호숫가로 갔다. 잔잔하지만 아직은 제법 물결이 센 호수 위에서 새끼들이 어미 뒤를 졸졸 쫓으며 헤엄치는 뒷모습이 멀리 보인다. 동동 물 위에 떠 있는 새끼들은 물결에 휩쓸리지 않고 자유자재로 헤엄치고 있다. 신기하다. 금방 둥지에서 뛰어내린 그 새끼들이라고? 수영을 배운 적도 없는 새끼들이 저렇게 헤엄을 잘 칠 수 있는 것은 생존을 위한 본능이리라.

어미도 이제는 마음이 놓이는지 힘차게 날개를 퍼덕이며 목욕을 한다. 둥지에서 강물까지 새끼들을 데리고 나오기 위해 그간 얼마나 노심초사했을까? 그런 근심을 다 털어내는 어미의 시원하고 힘

한 마리의 낙오도 없이 모두 어미 곁으로 모인 새끼들이 물속을 들여다보며 먹잇감을 찾고 있다.

먹이 사냥이 끝나고 잠시 물 위
에 솟아 있는 바위에서 깃털을
다듬고 휴식을 취하는 어린 녀
석들. 덩치가 커졌다고 어미 품
으로 기어들지 않는 모습이 제
법 대견하다.

조심스런 어미의 보살핌 덕택에
2주일 동안 무사히 성장한 새끼
들의 모습이 대견하다. 덩치는
커졌지만 아직도 어미는 새끼들
을 위해 경계를 늦추지 않는다.

어미는 새끼들이 다 자라서 물
위를 날아오를 때까지 곁에서
지극정성으로 보살핀다. 호사비
오리 암컷은 자신의 새끼가 아
니라고 해도 내치지 않고 거두
어서 돌보는 강한 모성애를 지니
고 있다.

등선폭포가 근처에 있는 북한강
을 오르내리면서 월동하고 있는
호사비오리 무리. 늦가을에는
짝을 이루는 모습보다는 암수가
무리 지어 함께 먹이 사냥을 하
는 모습이 보편적이다.

늦가을 나른한 오후에 강촌 근
방 북한강에서 휴식을 취하고 있
는 두 마리의 호사비오리 암컷.

겨울이 끝나가는 2월 말, 영산
강 지류인 함평의 지석천에서
암수가 짝을 이뤄 먹이 사냥을
하며 붙어다니는 모습.

청평 시내가 있는 북한강에서
먹이 사냥을 끝내고 물 위에 둥
둥 떠서 잠을 청하는 호사비오
리 한 쌍.

아직은 겨울 막바지인 1월 말,
팔당댐 아래쪽 여울에서 먹이
를 찾고 있는 호사비오리 한 쌍.
물속에 머리만 들이밀고 헤엄
쳐 다니면서 물속의 물고기를
찾는다.

겨울이 끝나가는 2월 중순, 호
사비오리 무리가 힘차게 도약하
는 모습. 모두 짝을 이루고 있다.

찬 날갯짓을 보면서 나도 모르게 울컥한다.

이제부터 험난한 세상을 극복하고 저 어린 새끼들이 무럭무럭 자라서 몇 달 후가 되면 겨울을 나기 위해 어미를 따라 우리나라를 찾아올 것이다. 긴장이 서린 남과 북을 저 호사비오리 새끼들은 누구의 간섭도 받지 않고 자유롭게 오르내리겠지. 그동안 호사비오리의 번식을 보기 위해 봄이 되면 찾아왔던 이곳 백두산 자락의 송화강 줄기에서 우리 민족의 아픔을 지켜본 저 호사비오리의 경이로운 야생의 본능이 사라지지 않는 한 남북통일도 이룰 수 있으리라는 작은 희망을 엿보았다. 비록 지금은 우리의 영산, 백두산을 중국으로 돌아와서 찾았지만 저 호사비오리가 남북을 거침없이 오가듯 언젠가는 우리도 남과 북을 자유롭게 넘나들 날이 찾아오리라.

그 꿈을 가슴속에 그리며 겨울이 될 때마다 백두산의 호사비오리가 월동을 위해 어김없이 찾아 내려오는 우리나라의 크고 작은 강가를 끊임없이 맴돌 것이며, 봄이 되면 또 새로운 열정으로 호사비오리뿐 아니라 백두산이 고향인 새들을 찾아서 설레는 여정을 계속할 것이다.

호사비오리 새끼가 6월 송화강
지류를 오르내리는 모습을 촬영
하기 위해 늘 가지고 다니는 개
인 장비인 위장텐트.

백두산 새 관찰기

호사비오리의 고향을 찾아서

ⓒ 박웅

초판 인쇄	2017년 9월 22일
초판 발행	2017년 10월 2일

지은이	박웅
펴낸이	강성민
편집장	이은혜
편집	박은아 곽우정 김지수 이은경
편집보조	임채원
마케팅	이연실 이숙재 정현민
홍보	김희숙 김상만 이천희
독자모니터링	황치영

펴낸곳 (주)글항아리 | 출판등록 2009년 1월 19일 제406-2009-000002호

주소 413-120 경기도 파주시 회동길 210
전자우편 bookpot@hanmail.net
전화번호 031-955-8891(마케팅) 031-955-1936(편집부)
팩스 031-955-2557

ISBN 978-89-6735-447-3 03490

글항아리는 (주)문학동네의 계열사입니다.

이 도서의 국립중앙도서관 출판예정도서목록(CIP)은 서지정보유통지원시스템 홈페이지
(http://seoji.nl.go.kr)와 국가자료공동목록시스템(http://www.nl.go.kr/kolisnet)에서
이용하실 수 있습니다. (CIP제어번호 : CIP2017022431)